HUAWEI

5G 移 动 通 信 技 术 系 列 教 程

5G

无线网络规划与优化

微课版

王霄峻 曾嵘 ◎ 主编

方朝曦 秦文胜 王翔 杨德相 ◎ 副主编

U0277726

人民邮电出版社

北 京

图书在版编目（CIP）数据

5G无线网络规划与优化：微课版 / 王霄峻，曾嵘主编. -- 北京：人民邮电出版社，2020.11（2024.1重印）
5G移动通信技术系列教程
ISBN 978-7-115-54743-9

Ⅰ. ①5… Ⅱ. ①王… ②曾… Ⅲ. ①无线电通信一移动网一教材 Ⅳ. ①TN929.5

中国版本图书馆CIP数据核字(2020)第160456号

内 容 提 要

本书较为全面地介绍了 5G 无线网络规划与优化的相关知识，全书共 15 章，包括绪论、5G 无线网络架构、5G 空中接口物理层、MIMO 功能和原理、5G 功率控制与上下行解耦、5G 移动性管理、5G 信令流程、5G 基站勘测、无线传播模型、5G 无线网络覆盖估算、5G 测试及单站点验证、5G RF 优化、5G 无线网络常用 KPI、5G 网络优化问题分析和人工智能在 5G 网络规划与优化中的应用。全书通过扫二维码观看视频的方式，穿插了许多在线视频，以帮助读者巩固所学的内容。

本书可以作为应用型本科院校和高职院校通信相关专业的教材，也可以作为华为 5G 无线网规网优工程师（HCIA-5G-RNP&RND）认证培训班的教材，同时还适合从事无线网络维护、移动通信设备技术支持的专业人员和广大移动通信爱好者自学使用。

◆ 主　　编　王霄峻　曾　嵘
　　副主编　方朝曦　秦文胜　王　翔　杨德相
　　责任编辑　郭　雯
　　责任印制　王　郁　马振武

◆ 人民邮电出版社出版发行　　北京市丰台区成寿寺路 11 号
　　邮编　100164　电子邮件　315@ptpress.com.cn
　　网址　https://www.ptpress.com.cn
　　北京市鑫霸印务有限公司印刷

◆ 开本：787×1092　1/16
　　印张：12.75　　　　　　　　2020 年 11 月第 1 版
　　字数：357 千字　　　　　　2024 年 1 月北京第 9 次印刷

定价：49.80 元

读者服务热线：(010)81055256　印装质量热线：(010)81055316
反盗版热线：(010)81055315
广告经营许可证：京东市监广登字 20170147 号

5G移动通信技术系列教程编委会

2019 年是全球 5G 商用元年，5G 在信息传送能力、信息连接能力和信息传送时延性能方面与 4G 相比有了量级的提升。"新基建"等政策更加有力地推动了 5G 与各行业的融合，5G 将渗透到经济社会生活的各个领域中，推动和加速各行各业向数字化、网络化和智能化的转型。

新兴技术的快速发展往往伴随着新兴应用领域的出现，更高的技术门槛对人才的专业技术能力和综合能力均提出了更高的要求。为此，需要进一步加强校企合作、产教融合和工学结合，紧密围绕产业需求，完善应用型人才培养体系，强化实践教学，推动教学、教法的创新，驱动应用型人才能力培养的升维。

《5G 移动通信技术系列教程》是由高校教学一线的教育工作者与华为技术有限公司、浙江华为通信技术有限公司的技术专家联合成立的编委会共同编写的，将华为技术有限公司的5G 产品、技术按照工程逻辑进行模块化设计，建立从理论到工程实践的知识桥梁，目标是培养既具备扎实的 5G 理论基础，又能从事工程实践的优秀应用型人才。

《5G 移动通信技术系列教程》包括《5G 无线技术及部署》《5G 承载网技术及部署》《5G 无线网络规划与优化》和《5G 网络云化技术及应用》4 本教材。这套教材有效地融合了华为职业技能认证课程体系，将理论教学与工程实践融为一体，同时，配套了华为技术专家讲授的在线视频，嵌入华为工程现场实际案例，能够帮助读者学习前沿知识，掌握相关岗位所需技能，对于相关专业高校学生的学习和工程技术人员的在职教育来说，都是难得的教材。

我很高兴看到这套教材的出版，希望读者在学习后，能够有效掌握 5G 技术的知识体系，掌握相关的实用工程技能，成为 5G 技术领域的优秀人才。

中国工程院院士

2020 年 4 月 6 日

前 言　　PREFACE

　　5G 网络的全面覆盖标志着高速移动通信时代的来临。相对于 4G 网络，5G 网络能够实现更高的数据传输速率、更低的通信时延及更大的系统连接数；同样，5G 网络在网络结构和关键技术等方面也与 4G 网络有着较大的区别。4G 改变生活，5G 改变社会，未来 5G 将会改变千行百业。对于移动通信工程行业的从业者来说，5G 是必须要掌握的移动通信技术。

　　当前，5G 网络正处于大规模建设阶段，移动通信运营商目前需要大量的 5G 网络建设和维护人员。本书是基于编者多年的现网工作经验，从培养现网工程师的角度出发，以理论知识与实际应用相结合的方式编写而成的，旨在培养能够适应 5G 技术发展的专业人才。

　　本书以现网规划、建设和网络优化的各个环节为主线，介绍 5G 网络规划和网络优化的相关理论知识及实际操作技能。本书共 15 章，第 1 章为绪论；第 2~6 章为 5G 无线网络架构、5G 空中接口物理层、MIMO 功能和原理、5G 功率控制与上下行解耦和 5G 移动性管理，主要介绍 5G 无线部分的理论知识；第 7 章为 5G 信令流程，主要介绍 5G 信令流程基础、NR 接入流程、NSA 移动性管理流程、SA 移动性管理流程；第 8~10 章为 5G 基站勘测、无线传播模型和 5G 无线网络覆盖估算，主要介绍 5G 网络规划的流程；第 11 章为 5G 测试及单站点验证，主要介绍 5G 测试软件的使用和单站点验证的方法；第 12~14 章为 5G RF 优化、5G 无线网络常用 KPI 和 5G 网络优化问题分析，主要介绍网络优化工作中常见问题的分析思路、解决方法；第 15 章为人工智能在 5G 规划与优化中的应用，主要介绍人工智能的应用和 5G 智能切片运维。

　　党的二十大报告提出"加快实施创新驱动发展战略。坚持面向世界科技前沿、面向经济主战场、面向国家重大需求、面向人民生命健康，加快实现高水平科技自立自强。以国家战略需求为导向，集聚力量进行原创性引领性科技攻关，坚决打赢关键核心技术攻坚战。加快实施一批具有战略性全局性前瞻性的国家重大科技项目，增强自主创新能力"。华为自主研发的 5G 技术，无论是在核心技术领域，还是在整体市场营收能力，都处于全球领先地位。目前，我国的 5G 网络建设让我国人民率先用上了更加畅通的 5G 网络，也助力我国建设出了目前全球最大的 5G 网络。

　　本书的参考学时为 48~64 学时，建议采用理论与实践一体化的教学模式，各章的参考学时见下面的学时分配表。

学时分配表

章 节	课 程 内 容	参考学时
第 1 章	绪论	2
第 2 章	5G 无线网络架构	2~4
第 3 章	5G 空中接口物理层	6~8
第 4 章	MIMO 功能和原理	4
第 5 章	5G 功率控制与上下行解耦	4
第 6 章	5G 移动性管理	3~5
第 7 章	5G 信令流程	4~6
第 8 章	5G 基站勘测	2

续表

章节	课 程 内 容	参考学时
第 9 章	无线传播模型	2
第 10 章	5G 无线网络覆盖估算	3~4
第 11 章	5G 测试及单站点验证	3~5
第 12 章	5G RF 优化	4~5
第 13 章	5G 无线网络常用 KPI	3~4
第 14 章	5G 网络优化问题分析	4~6
第 15 章	人工智能在 5G 网络规划与优化中的应用	2~3
学时总计		48~64

本书由王霄峻、曾嵘任主编，方朝曦、秦文胜、王翔、杨德相任副主编，闫礼明、袁帅参与编写。由于编者水平和经验有限，书中难免存在疏漏和不足之处，恳请广大读者批评指正。

编　者

2023 年 1 月

目录 / CONTENTS

Chapter

1

第 1 章
绪　　论

人类对通信需求的不断提升和对通信技术的突破创新，推动着移动通信系统的快速演进。5G 不再只是从 2G 到 3G 再到 4G 的网络传输速率的提升，而是将"人-人"之间的通信扩展到"人-网-物" 3 个维度的万物互联，打造全移动和全连接的数字化社会。

本章主要讲解 5G 网络的整体架构，以及移动通信系统从第一代向第五代演进的过程。

课堂学习目标

- 掌握移动通信网络的架构
- 了解移动通信网络演进过程

1.1 移动通信网络的架构

第五代（5th Generation，5G）移动通信系统网络架构分为无线接入网、承载网、核心网 3 部分，如图 1-1 所示。这 3 部分的具体介绍如下。

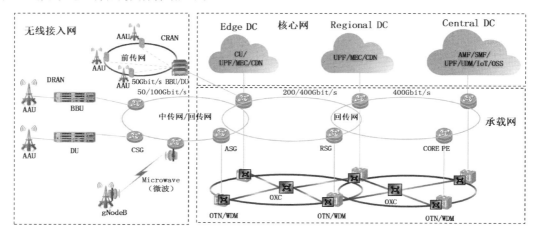

图 1-1 移动通信网络的架构

1. 无线接入网

此部分只包含一种网元——5G 基站，也称为 gNodeB。它主要通过光纤等有线介质与承载网设备对接，特殊场景下也采用微波等无线方式与承载网设备对接。

目前，5G 无线接入网组网方式主要有集中式无线接入网（Centralized Radio Access Network，CRAN）和分布式无线接入网（Distributed Radio Access Network，DRAN）两种。国内运营商目前的策略是以 DRAN 为主，CRAN 按需部署。CRAN 场景下的基带单元（Baseband Unit，BBU）集中部署后与有源天线单元（Active Antenna Unit，AAU）之间采用光纤连接，距离较远，因而对光纤的需求量很大，部分场景下需要引入波分技术来作为前传方案。在 DRAN 场景下，BBU 和 AAU 采用光纤直连方案。

未来无线侧也会向云化方向演进，BBU 可能会分解成集中单元（Centralized Unit，CU）和分布单元（Distributed Unit，DU）两部分。CU 云化后会部署在边缘数据中心中，负责处理传统基带单元的高层协议；DU 可以集中式部署在边缘数据中心或者分布式部署在靠近 AAU 侧，负责处理传统基带单元的底层协议。

2. 承载网

承载网由光缆互连承载网设备，通过 IP 路由协议、故障检测技术、保护倒换技术等实现相应的逻辑功能。承载网的主要功能是连接基站与基站、基站与核心网，提供数据的转发功能，并保证数据转发的时延、速率、误码率、业务安全等指标满足相关的要求。5G 承载网的结构可以从物理层次和逻辑层次两个维度进行划分。

从物理层次划分时，承载网被分为前传网（CRAN 场景下 AAU 到 DU/BBU 之间）、中传网（DU 到 CU 之间）、回传网（CU/BBU 到核心网之间），其中，中传网是在 BBU 云化演进，CU 和 DU 分离部署之后才有的。如果 CU 和 DU 没有分离部署，则承载网的端到端仅有前传网和回传网。回传网还会借助波分设备实现大带宽长距离传输，如图 1-1 所示，下层两个环是波分环，上层 3 个环是 IP 无线接入网（IP Radio Access Network，IPRAN）或分组传送网（Packet Transport Network，PTN）环，波分环具备大颗粒、长距离传输的能力，IPRAN/PTN 环具备灵活转发的能力，上下两种环配合使用，实现承载网的大颗粒、长距离、灵活转发能力。一般来说，前传网和中传网是 50Gbit/s 或 100Gbit/s 的环形网络，回传网是 200Gbit/s 或 400Gbit/s 的环形网络。

从逻辑层次划分时，承载网被分为管理平面、控制平面和转发平面 3 个逻辑平面。其中，管理平面完成承载网控制器对承载网设备的基本管理，控制平面完成承载网转发路径（即业务隧道）的规划和控制，转发平面完成基站之间、基站与核心网之间用户报文的转发功能。

图 1-1 涉及了一些新名词，注释如下。

（1）基站侧网关（Cell Site Gateway，CSG）：移动承载网络中的一种角色名称，该角色位于接入层，负责基站的接入。

（2）汇聚侧网关（Aggregation Site Gateway，ASG）：移动承载网络中的一种角色名称，该角色位于汇聚层，负责对移动承载网络接入层海量 CSG 业务流进行汇聚。

（3）无线业务侧网关（Radio Service Gateway，RSG）：承载网络中的一种角色名称，该角色位于汇聚层，负责连接无线控制器。

（4）运营商边界路由器（CORE Provider Edge Router，CORE PER）：运营商边缘路由器，由服务提供商提供的边缘设备。

（5）光传送网（Optical Transport Network，OTN）：通过光信号传输信息的网络。

（6）波分复用（Wavelength Division Multiplexing，WDM）：一种数据传输技术，不同的光信号由不同的颜色（波长频率）承载，并复用在一根光纤上传输。

（7）光交叉连接（Optical Cross-Connect，OXC）：一种用于对高速光信号进行交换的技术，通常应用于光网络（Mesh，网状互连的网络）中。

3. 核心网

核心网可以由传统的定制化硬件或者云化标准的通用硬件来实现相应的逻辑功能。核心网主要用于提供数据转发、运营商计费，以及针对不同业务场景的策略控制（如速率控制、计费控制等）功能等。

核心网中有 3 类数据中心（Data Center，DC），其中，中心 DC 部署在大区中心或者各省省会城市中，区域 DC 部署在地市机房中，边缘 DC 部署在承载网接入机房中。核心网设备一般放置在中心 DC 机房中。为了满足低时延业务的需要，会在地市和区县建立数据中心机房。核心网设备会逐步下移至这些机房中，缩短了基站至核心网的距离，从而降低了业务的转发时延。

5G 核心网用于控制和承载。核心网控制面网元和一些运营支撑服务器等部署在中心 DC 中，如接入和移动性管理功能（Access and Mobility Management Function，AMF）、会话管理功能（Session Management Function，SMF）、用户面功能（User Plane Function，UPF）、统一数据管理（Unified Data Management，UDM）功能、其他服务器（如物联网（Internet of Things，IoT）应用服务器、运营支撑系统（Operations Support System，OSS）服务器）等。根据业务需求，核心网用户面网元可以部署在区域 DC 和边缘 DC 中。例如，区域 DC 可以部署核心网的用户面功能、多接入边缘计算（Multi-access Edge Computing，MEC）、内容分发网络（Content Delivery Network，CDN）等；边缘 DC 也可以部署 UPF、MEC、CDN，还可以部署无线侧云化集中单元等。

本书重点介绍无线网络规划与优化，包括 5G 无线网络架构、5G 空中接口物理层、MIMO 功能和原理、5G 功率控制与上下行解耦、5G 移动性管理、5G 信令流程、5G 基站勘测、无线传播模型、5G 无线网络覆盖估算、5G 测试及单站点验证、5G RF 优化、5G 无线网络常用 KPI、5G 网络优化问题分析和人工智能在 5G 网络规划与优化中的应用等内容。

1.2 移动通信网络的演进

随着移动用户数量的不断增加，以及人们对移动通信业务需求的不断提升，移动通信系统已经经历了五代变革，本节主要对移动通信网络演进过程进行介绍。

1.2.1 第一代移动通信系统

第一代（1st Generation，1G）移动通信技术诞生于 20 世纪 40 年代。其最初是美国底特律警察使用的车载无线电系统，主要采用了大区制模拟技术。1978 年年底，美国贝尔实验室成功研制了先进移动电话系统（Advanced Mobile Phone System，AMPS），建成了蜂窝状移动通信网，这是第一种真正意义上的具有即时通信能力的大容量蜂窝状移动通信系统。1983 年，AMPS 首次在芝加哥投入商用并迅速得到推广。到 1985 年，AMPS 已扩展到了美国的 47 个地区。

与此同时，其他国家也相继开发出各自的蜂窝状移动通信网。英国在 1985 年开发了全接入通信系统（Total Access Communications System，TACS），频段为 900MHz。加拿大推出了 450MHz 的移动电话系统（Mobile Telephone System，MTS）。瑞典等北欧国家于 1980 年开发了北欧移动电话（Nordic Mobile Telephone，NMT）移动通信网，频段为 450MHz。中国的 1G 系统于 1987 年 11 月 18 日在广东第六届全运会上开通并正式商用，采用的是 TACS 制式。从 1987 年 11 月中国电信开始运营模拟移动电话业务开始，到 2001 年 12 月底中国移动关闭模拟移动通信网，1G 系统在中国的应用长达 14 年，用户数最高时达到了 660 万。如今，1G 时代那像砖头一样的手持终端——"大哥大"已经成为很多人的回忆。

由于 1G 系统是基于模拟通信技术传输的，因此存在频谱利用率低、系统安全保密性差、数据承载业务难以开展、设备成本高、体积大、费用高等局限，其关键的问题在于系统容量低，已不能满足日益增长的移动用户的需求。为了解决这些缺陷，第二代（2nd Generation，2G）移动通信系统应运而生。

1.2.2 第二代移动通信系统

20 世纪 80 年代中期，欧洲首先推出了全球移动通信系统（Global System for Mobile communications，GSM）数字通信网系统。随后，美国、日本也制定了各自的数字通信体系。数字通信系统具有频谱效率高、容量大、业务种类多、保密性好、话音质量好、网络管理能力强等优点，因此得到了迅猛发展。

第二代（2nd Generation，2G）移动通信系统包括 GSM、IS-95 码分多址（Code Division Multiple Access，CDMA）、先进数字移动电话系统（Digital Advanced Mobile Phone System，DAMPS）、个人数字蜂窝系统（Personal Digital Cellular System，PDCS）。特别是其中的 GSM，因其体制开放、技术成熟、应用广泛，已成为陆地公用移动通信的主要系统。

使用 900MHz 频带的 GSM 称为 GSM900，使用 1800MHz 频带的称为 DCS1800，它是依据全球数字蜂窝通信的时分多址（Time Division Multiple Access，TDMA）标准而设计的。GSM 支持低速数据业务，可与综合业务数字网（Integrated Services Digital Network，ISDN）互连。GSM 采用了频分双工（Frequency Division Duplex，FDD）方式、TDMA 方式，每载频支持 8 信道，载频带宽为 200kHz。随着通用分组无线系统（General Packet Radio System，GPRS）、增强型数据速率 GSM 演进（Enhanced Data Rate for GSM Evolution，EDGE）技术的引入，GSM 网络功能得到不断增强，初步具备了支持多媒体业务的能力，可以实现图片发送、电子邮件收发等功能。

IS-95 CDMA 是北美地区的数字蜂窝标准，使用 800MHz 频带或 1.9GHz 频带。IS-95 CDMA 采用了码分多址方式。CDMA One 是 IS-95 CDMA 的品牌名称。CDMA2000 无线通信标准也是以 IS-95 CDMA 为基础演变的。IS-95 又分为 IS-95A 和 IS-95B 两个阶段。

DAMPS 也称 IS-54/IS-136（北美地区的数字蜂窝标准），使用 800MHz 频带，是两种北美地区的数字蜂窝标准中推出较早的一种，使用了 TDMA 方式。

PDC 是由日本提出的标准，即后来中国的个人手持电话系统（Personal Handyphone System，PHS），俗称"小灵通"。因技术落后和后续移动通信发展需要，"小灵通"网络已经关闭。

我国的 2G 系统主要采用了 GSM 体制，例如，中国移动和中国联通均部署了 GSM 网络。2001 年，中国联通开始在中国部署 IS-95 CDMA 网络（简称 C 网）。2008 年 5 月，中国电信收购了中国联通的 C 网，并将 C 网规划为中国电信未来的主要发展方向。

2G 系统的主要业务是话音，其主要特性是提供数字化的话音业务及低速数据业务。它克服了模拟移动通信系统的弱点，话音质量、保密性能得到较大的提高，并可进行省内、省际自动漫游。由于 2G 系统采用了不同的制式，移动通信标准不统一，用户只能在同一制式覆盖的范围内进行漫游，因而无法进行全球漫游。此外，2G 系统带宽有限，因而限制了数据业务的应用，无法实现高速率的数据业务，如移动多媒体业务。

尽管 2G 系统技术在发展中不断得到完善，但是随着人们对于移动数据业务需求的不断提高，希望能够在移动的情况下得到类似于固定宽带上网时所得到的速率，因此，需要有新一代的移动通信技术来提供高速的空中承载，以提供丰富多彩的高速数据业务，如电影点播、文件下载、视频电话、在线游戏等。

1.2.3 第三代移动通信系统

第三代（3rd Generation，3G）移动通信系统又被国际电信联盟（International Telecommunication Union，ITU）称为 IMT-2000，指在 2000 年左右开始商用并工作在 2000MHz 频段上的国际移动通信系统。IMT-2000 的标准化工作开始于 1985 年。3G 标准规范具体由第三代移动通信合作伙伴项目（3rd Generation Partnership Project，3GPP）和第三代移动通信合作伙伴项目二（3rd Generation Partnership Project 2，3GPP2）分别负责。

3G 系统最初有 3 种主流标准，即欧洲各国和日本提出的宽带码分多址（Wideband Code Division Multiple Access，WCDMA），美国提出的码分多址接入 2000（Code Division Multiple Access 2000，CDMA2000），以及中国提出的时分同步码分多址接入（Time Division-Synchronous Code Division Multiple Access，TD-SCDMA）。其中，3GPP 从 R99 开始进行 3G WCDMA/TD-SCDMA 标准制定，后续版本进行了特性增强和增补，3GPP2 提出了从 CDMA IS95（2G）—CDMA 20001x—CDMA 20003x（3G）的演进策略。

3G 系统采用了 CDMA 技术和分组交换技术，而不是 2G 系统通常采用的 TDMA 技术和电路交换技术。在业务和性能方面，3G 系统不仅能传输话音，还能传输数据，提供了高质量的多媒体业务，如可变速率数据、移动视频和高清晰图像等，实现了多种信息一体化，从而能够提供快捷、方便的无线应用。

尽管 3G 系统具有低成本、优质服务质量、高保密性及良好的安全性能等优点，但是仍有不足：第一，3G 标准共有 WCDMA、CDMA2000 和 TD-SCDMA 三大分支，3 种制式之间存在相互兼容的问题；第二，3G 的频谱利用率比较低，不能充分地利用宝贵的频谱资源；第三，3G 支持的速率不够高。这些不足远远不能适应未来移动通信发展的需要，因此需要寻求一种能适应未来移动通信需求的新技术。

另外，全球微波接入互操作性（Worldwide Interoperability for Microwave Access，WiMAX）又称为 802.16 无线城域网（核心标准是 802.16d 和 802.16e），是一种为企业和家庭用户提供"最后一英里"服务的宽带无线连接方案。此技术与需要授权或免授权的微波设备相结合之后，由于成本较低，从而扩大了宽带无线市场，改善了企业与服务供应商的认知度。2007 年 10 月 19 日，在国际电信联盟在日内瓦举行的无线通信全体会议上，经过多数国家投票通过，WiMAX 正式被批准成为继 WCDMA、CDMA2000 和 TD-SCDMA 之后的第四个全球 3G 标准。

1.2.4 第四代移动通信系统

2000 年确定了 3G 国际标准之后，ITU 就启动了第四代（4th Generation，4G）移动通信系统的相关工作。2008 年，ITU 开始公开征集 4G 标准，有 3 种方案成为 4G 标准的备选方案，分别是 3GPP 的长期演进（Long Term Evolution，LTE）、3GPP2 的超移动宽带（Ultra Mobile Broadband，UMB）以及电气和电子工程师协会（Institute of Electrical and Electronics Engineers，IEEE）的 WiMAX（IEEE 802.16m，也被称为 Wireless MAN-Advanced 或者 WiMAX2），其中最被产业界看好的是 LTE。LTE、UMB 和移动 WiMAX 虽然各有差别，但是它们也有相同之处，即 3 个系统都采用了正交频分复用（Orthogonal Frequency Division Multiplexing，OFDM）和多入多出（Multiple-Input Multiple-Output，MIMO）技术，以提供更高的频谱利用率。其中，3GPP 的 R8 开始进行 LTE 标准化的制定，后续在特性上进行增强和增补。

LTE 并不是真正意义上的 4G 技术，而是 3G 向 4G 技术发展过程中的一种过渡技术，也被称为 3.9G 的全球化标准，它采用 OFDM 和 MIMO 等关键技术，改进并且增强了传统无线空中接入技术。这些技术的运用，使得 LTE 的峰值速率相比 3G 有了很大的提高。同时，LTE 技术改善了小区边缘位置用户的性能，提高了小区容量值，降低了系统的延迟和网络成本。

2012 年，LTE-Advanced 被正式确立为 IMT-Advanced（也称 4G）国际标准，我国主导制定的 TD-LTE-Advanced 同时成为 IMT-Advanced 国际标准。LTE 包括 TD-LTE（时分双工）和 LTE FDD（频分双工）两种制式，我国引领了 TD-LTE 的发展。TD-LTE 继承和拓展了 TD-SCDMA 在智能天线、系统设计等方面的关键技术和自主知识产权，系统能力与 LTE FDD 相当。2015 年 10 月，3GPP 在项目合作组（Project Coordination Group，PCG）第 35 次会议上正式确定将 LTE 新标准命名为 LTE-Advanced Pro。这是 4.5G 在标准上的正式命名。这一新的品牌名称是继 3GPP 将 LTE-Advanced 作为 LTE 的增强标准后，对 LTE 系统演进的又一次定义。

1.2.5 第五代移动通信系统

2015 年 10 月 26 日至 30 日，在瑞士日内瓦召开的 2015 无线电通信全会上，国际电信联盟无线电通信部门（ITU-R）正式批准了 3 项有利于推进未来 5G 研究进程的决议，并正式确定了 5G 的法定名称是"IMT-2020"。

为了满足未来不同业务应用对网络能力的要求，ITU 定义了 5G 的八大能力目标，如图 1-2 所示，分别为峰值速率达到 10Gbit/s、用户体验速率达到 100Mbit/s、频谱效率是 IMT-A 的 3 倍、移动性达到 500km/h、空中接口（简称"空口"）时延达到 1ms、连接数密度达到 10^6 万个设备/平方千米、网络功耗效率是 IMT-A 的 100 倍、区域流量能力达到 10Mbit/s/m^2。

5G 的应用场景分为三大类：增强移动宽带（enhanced Mobile Broadband，eMBB）、超高可靠低时延通信（ultra-Reliable and Low Latency Communication，uRLLC）、海量机器类通信（massive Machine Type of Communication，mMTC），不同应用场景有着不同的关键能力要求。其中，峰值速率、时延、连接数密度是关键能力。eMBB 场景下主要关注峰值速率和用户体验速率等，其中，5G 的峰值速率相对于 LTE 的 100Mbit/s 提升了 100 倍，达到了 10Gbit/s；uRLLC 场景下主要关注时延和移动性，其中，5G 的空中接口时延相对于 LTE 的 50ms 降低到了 1ms；mMTC 场景下主要关注连接数密度，5G 的每平方千米连接数相对于 LTE 的 10^4 个提升到了 10^6 个。不同应用场景对网络能力的诉求如图 1-3 所示。

2016 年 6 月 27 日，3GPP 在 3GPP 技术规范组（Technical Specifications Groups，TSG）第 72 次全体会议上就 5G 标准的首个版本——R15 的详细工作计划达成一致。该计划记录了各工作组的协调项目和检查重点，并明确 R15 的 5G 相关规范将于 2018 年 6 月确定。

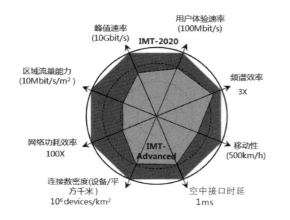

图 1-2　5G 的八大能力目标

图 1-3　不同应用场景对网络能力的诉求

　　在 3GPP TSG RAN 方面，针对 R15 的 5G 新空中接口（New Radio, NR）调查范围，技术规范组一致同意对独立（Stand-alone, SA）组网和非独立（Non-Stand-alone, NSA）组网两种架构提供支持。其中，5G NSA 组网方式需要使用 4G 基站和 4G 核心网，初期以 4G 作为控制面的锚点，满足运营商利用现有 LTE 网络资源，实现 5G NR 快速部署的需求。NSA 组网作为过渡方案，主要以提升热点区域带宽为主要目标，没有独立信令面，依托 4G 基站和核心网工作，对应的标准进展较快。要实现 5G 的 NSA 组网，需要对现有 4G 网络进行升级，对现网性能和平稳运行有一定影响，需要运营商关注。R15 还确定了目标用例和目标频带。目标用例为增强型移动宽带、超高可靠低时延通信以及海量机器类通信。目标频带分为低于 6GHz 和高于 6GHz 的范围。另外，TSG 第 72 次全体会议在讨论时强调，5G 标准要在无线和协议两个方面的设计具有向上兼容性，且分阶段导入功能是实现各个用例的关键点。

　　2017 年 12 月 21 日，在国际电信标准组织 3GPP RAN 的第 78 次全体会议上，5G NSA 标准冻结，这是全球第一个可商用部署的 5G 标准。5G 标准 NSA 组网方案的完成是 5G 标准化进程的一个里程碑，标志着 5G 标准和产业进程进入加速阶段，标准冻结对通信行业来说具有重要意义，这意味着核心标准就此确定，即便将来正式标准仍有微调，也不影响之前厂商的产品开发，5G 商用进入倒计时。

　　2018 年 6 月 14 日，3GPP TSG 第 80 次全体会议批准了 5G SA 标准冻结。此次 SA 标准的冻结，不仅使 5G NR 具备了独立部署的能力，还带来了全新的端到端新架构，赋能企业级客户和垂直行业的智慧化发展，为运营商和产业合作伙伴带来了新的商业模式，开启了一个全连接的新时代。至此，5G 已经完成第一阶段标准化工作，进入了产业全面冲刺新阶段。3GPP 关于 5G 协议标准的规划路线如图 1-4 所示。

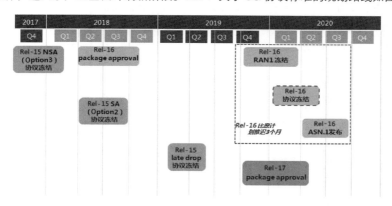

图 1-4　3GPP 关于 5G 协议标准的规划路线

1.3 本书内容与学习目标

本书共包含 15 章内容，分别是绪论、5G 无线网络架构、5G 空中接口物理层、MIMO 功能和原理、5G 功率控制及上下行解耦、5G 移动性管理、5G 信令流程、5G 基站勘测、无线传播模型、5G 无线网络覆盖估算、5G 测试及单站点验证、5G RF 优化、5G 无线网络常用 KPI、5G 网络优化问题分析和人工智能在 5G 网络规划与优化中的应用。

第 1 章 绪论：本章主要介绍移动通信网络演进过程，5G 引入之后无线接入网的架构。本章学习完成后读者应达到以下要求。

（1）掌握移动通信网络的架构。

（2）了解移动通信网络演进过程。

第 2 章 5G 无线网络架构：本章主要介绍无线网络架构，包括传统的 DRAN 和 CRAN，以及 CloudRAN 架构，NSA 及 SA 组网架构的区别。本章学习完成后读者应达到以下要求。

（1）掌握 5G 总体网络架构。

（2）掌握传统的 DRAN、CRAN 架构。

（3）掌握 5G 的接入网重构需求。

（4）掌握 CloudRAN 的架构及部署。

（5）掌握 CloudRAN 的应用价值。

第 3 章 5G 空中接口物理层：本章主要介绍 5G 无线空中接口的协议栈，以及 5G 的帧结构、信道结构、5G 空中接口物理信号和信道。本章学习完成后读者应达到以下要求。

（1）掌握 5G 帧结构。

（2）掌握 5G 信道结构。

（3）了解 5G 参考信号。

（4）掌握 5G 上下行物理信道的作用。

第 4 章 MIMO 功能和原理：本章主要介绍 MIMO 原理、SU-MIMO、MU-MIMO、波束赋形。本章学习完成后读者应达到以下要求。

（1）掌握 MIMO 的原理。

（2）了解 SU-MIMO 及 MU-MIMO 的增益原理。

（3）掌握波束赋形流程。

第 5 章 5G 功率控制与上下行解耦：本章主要介绍 5G 功率控制基本原理、下行功率分配原则、上行功率控制机制、上下行解耦技术原理及应用。本章学习完成后读者应达到以下要求。

（1）掌握 5G 功率控制的原理。

（2）了解 5G 上下行解耦引入背景。

（3）掌握 5G 上下行解耦的原理及流程。

第 6 章 5G 移动性管理：本章主要介绍 5G 移动性管理架构、NSA 场景移动性管理、SA 场景连接态移动性管理、SA 场景空闲态移动性管理、NR 与 LTE 空闲态及连接态互操作。本章学习完成后读者应达到以下要求。

（1）熟悉 NSA 组网场景下的移动性管理。

（2）掌握 SA 组网场景下的连接态移动性管理。

（3）理解 SA 组网场景下的空闲态移动性管理。

（4）了解 NR 与 LTE 异系统的互操作。

第 7 章 5G 信令流程：本章主要介绍 5G 信令基础、5G 初始接入信令流程、5G NSA 信令流程，以及 5G 移动性管理信令流程。本章学习完成后读者应达到以下要求。

（1）掌握 5G 信令流程基础知识。

（2）掌握 5G NSA 组网接入和移动性管理流程。

（3）掌握 5G SA 组网接入和移动性管理流程。

第 8 章 5G 基站勘测：本章主要介绍基站勘测总体过程、基站勘测工具、基站勘测步骤、基站勘测输出。本章学习完成后读者应达到以下要求。

（1）了解基站勘测流程。

（2）掌握勘测前的准备工作。

（3）掌握站点勘测的详细过程。

（4）掌握勘测结束后勘测报告的输出。

第 9 章 无线传播模型：本章主要介绍无线电波传播模型、抗衰落分集技术。本章学习完成后读者应达到以下要求。

（1）了解常见的无线电波传播模型。

（2）掌握抗衰落分集技术。

第 10 章 5G 无线网络覆盖估算：5G 无线网络覆盖估算的目的是通过链路预算结合传播模型最终得出基站的小区半径，本章主要介绍 5G 链路预算、覆盖影响因素、5G 小区半径计算方法。本章学习完成后读者应达到以下要求。

（1）熟悉 5G 无线网络覆盖估算的流程。

（2）掌握根据链路预算计算路径损耗的方法。

（3）掌握传播模型的选择与计算。

第 11 章 5G 测试及单站点验证：本章主要介绍 5G 路测软件、单站点验证目的、单站点验证方法。本章学习完成后读者应达到以下要求。

（1）了解单站点验证流程。

（2）掌握单站点验证准备工作。

（3）掌握单站点验证测试项目。

（4）了解单站点验证报告的输出要求。

第 12 章 5G RF 优化：本章主要介绍 5G RF 优化原理、RF 优化流程、场景化波束优化方法。本章学习完成后读者应达到以下要求。

（1）了解网络中常见的 RF 问题。

（2）掌握 RF 优化的目标。

（3）掌握 RF 优化的测试方法。

（4）掌握基于 5G Massive MIMO RF 优化的分析方法。

第 13 章 5G 无线网络常用 KPI：本章主要介绍 5G 接入类 KPI、5G 移动性 KPI、5G 服务完整性 KPI、NSA 场景 KPI。本章学习完成后读者应达到以下要求。

（1）掌握 5G 接入类 KPI。

（2）掌握 5G 移动性 KPI。

（3）了解 5G 服务完整性 KPI。

（4）了解 5G NSA DC 接入及移动性 KPI。

第 14 章　5G 网络优化问题分析：本章主要介绍网络优化目标、5G 接入类问题分析、5G 切换类问题分析、5G 速率类问题分析。本章学习完成后读者应达到以下要求。

（1）了解 5G 网络优化的主要内容。

（2）掌握 5G 网络接入问题的分析思路和优化方法。

（3）掌握 5G 网络切换问题的分析思路和优化方法。

（4）掌握 5G 网络速率问题的分析思路和优化方法

第 15 章　人工智能在 5G 网络规划与优化中的应用：本章主要介绍人工智能在 5G 网络规划中的应用、5G 智能切片运维。本章学习完成后读者应达到以下要求。

（1）了解人工智能的概念。

（2）了解人工智能在 5G 网络规划与优化中的应用。

本章小结

本章先介绍了 5G 网络的整体架构，包括无线接入网、承载网和核心网；再讲解了移动通信系统从第一代向第五代演进的过程；最后对本书的所有章的内容和每章的学习目标进行了描述。

通过本章的学习，读者应该对 5G 整体网络架构有一定的了解，熟悉移动通信网络演进的过程，并充分了解本书的内容规划和学习目标。

课后练习

1．选择题

（1）在 5G 移动通信系统网络架构中，属于无线接入网的设备是（　　）。

    A．BTS　　　　　　B．BSC　　　　　　C．gNodeB　　　　　　D．eNodeB

（2）从物理层次划分，5G 承载网被划分为（　　）。

    A．前传网　　　　　B．中传网　　　　　C．后传网　　　　　　D．回传网

（3）为了满足低时延业务的需要，核心网的部分网络需要下沉到（　　）中。

    A．核心 DC　　　　B．中心 DC　　　　　C．区域 DC　　　　　D．边缘 DC

（4）全球 3G 标准包含（　　）。

    A．WCDMA　　　　B．CDMA 2000　　　C．TD-SCDMA　　　D．WiMAX

（5）4G 使用的接入技术是（　　）。

    A．FDMA　　　　　B．CDMA　　　　　　C．TDMA　　　　　　D．OFDMA

2．简答题

（1）写出 ITU 定义的 5G 的八大能力目标。

（2）简述 5G 的三大应用场景。

2

Chapter

第 2 章
5G 无线网络架构

5G 无线侧在引入新的关键技术的同时，组网架构也发生了变化。

本章先从整体上对 5G 总体网络架构进行了描述，并在此基础上着重对无线侧的 DRAN、CRAN 和后续 CloudRAN 架构进行了讲解，最后重点介绍了 SA 及 NSA 组网架构。

课堂学习目标

- 掌握 5G 总体网络架构
- 掌握传统的 DRAN、CRAN 架构
- 掌握 5G 的接入网重构需求
- 掌握 CloudRAN 的架构及部署
- 掌握 CloudRAN 的应用价值

2.1 传统无线网络架构

在 4G 网络中，无线侧基本完成了宏基站向分布式基站（Distributed Base Station，DBS）站型的转变。分布式基站带来的最大好处是射频模块的形态由机柜内集中部署的单板演进为独立的模块单元，可以脱离机柜部署。因为射频单元和基带单元之间采用公共无线接口（Common Public Radio Interface，CPRI）并通过光纤连接，如图 2-1 所示，所以射频模块可以进行较长距离的拉远，从而使整个站点的覆盖范围扩大，并且灵活可控。

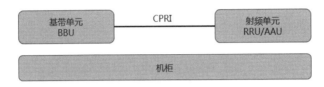

图 2-1　分布式基站

在实际部署中，分布式基站适用于无线接入网各种常见场景。在常见的各种室内和室外站点场景中，都可以部署 DBS 站型。

5G 基站仍然采用 DBS 站型，在部署无线接入网的时候，既可以沿用传统的分布式无线接入网架构和集中式无线接入网架构，也可以采用新型的基于云数据中心的云化无线接入网（Cloud Radio Access Network，CloudRAN）架构。本节主要介绍 DRAN 和 CRAN 的组网特点和差异。

2.1.1　DRAN

运营商在 4G 网络中大量部署了 DRAN，并将 DRAN 作为长期主流建网模式。因此，在 5G 网络部署中，DRAN 也会长期作为无线接入网主要的架构方案。

1. DRAN 架构部署

在 DRAN 架构中，每个站点均独立部署机房，BBU 与拉远射频单元（Remote Radio Unit，RRU）共站部署，配电供电设备及其他配套设备均独立部署，如图 2-2 所示。

如图 2-3 所示，在站点传输方面，DRAN 采用各 BBU 独立星形拓扑架构，每个站点和接入环设备独立连接。

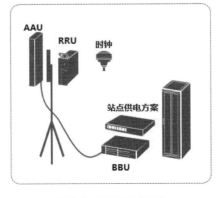

图 2-2　DRAN 站点部署

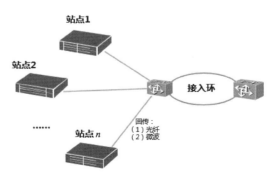

图 2-3　DRAN 传输组网

2. DRAN 架构优势

与 CRAN 相比，DRAN 架构有以下优势。

（1）DRAN 架构中 BBU 与 AAU/RRU 共站部署，站点回传可根据站点机房实际条件，采用微波或光纤方案灵活组网。

（2）BBU 和 AAU/RRU 共站部署，CPRI 接口光纤长度短，而在回传方面单站只需一根光纤，整体光纤消耗低。

（3）若单站出现供电、传输方面的故障问题，则不会对其他站点造成影响。

3. DRAN 架构缺点

虽然 DRAN 站点组网灵活，单站故障对网络整体影响较小，但缺点也非常明显，通常体现在以下 4 个方面。

（1）站点配套独立部署，投资规模大。

（2）新站点部署机房时，建设周期长。

（3）站点间资源独立，不利于资源共享。

（4）站点间的信令交互需要经网关中转，不利于站间业务高效协同。

受益于 2G、3G、4G 网络的长期建设，各运营商现网都拥有大量站点机房或室外一体化机柜，虽然 5G 采用频率更高的 3.5GHz 作为主覆盖频段会导致无线覆盖需要更多站点，但运营商在未来较长一段时间内仍会采用"利旧+新建"站点机房的方式部署 DRAN 架构的无线接入网。

2.1.2　CRAN

鉴于 DRAN 架构有不利于各站点基带资源共享和站间业务协同等缺点，现网可以采用 CRAN 架构来避免这些问题。

1. CRAN 架构部署

在 CRAN 架构中，多个站点的 BBU 模块会被集中部署在一个中心机房中，如图 2-4 所示，各站点射频模块通过前传拉远光纤与中心机房 BBU 连接。

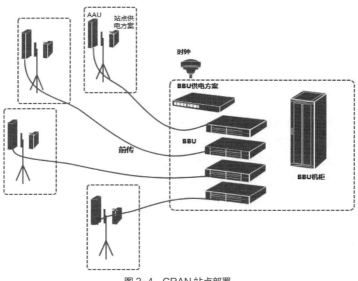

图 2-4　CRAN 站点部署

如图 2-5 所示，在站点传输方面，一般情况下，接入环传输设备直接部署在 CRAN 机房中，各 BBU 直接连接到接入环传输设备的不同端口。

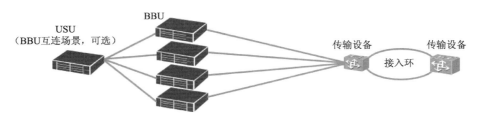

图 2-5　CRAN 传输组网

中心机房中可以选择两种 BBU 集中方案。

（1）普通 BBU 堆叠。由于射频模块的部署不依赖站点机房，BBU 及相关配套设备集中化部署后，CRAN 架构可以大幅减少站点机房数量。但由于 BBU 之间仍只能通过网关互连，所以该方案无法实现基带资源共享以及站间业务的高效协同。

（2）BBU 通过通用交换单元（Universal Switching Unit，USU）之类的上层设备互连。若 CRAN 机房中集中化部署的 BBU 之间通过上层设备互连，则可以实现多站点基带资源共享。另外，BBU 之间会保持高精度时钟同步，可以部署对站间同步要求较高的一些协同特性，如载波聚合（Carrier Aggregation，CA）、协作多点（Coordinated Multi-Point，CoMP）发送/接收等。

2. CRAN 架构优势

与 DRAN 相比，CRAN 有以下优势。

（1）5G 的超密集站点组网会形成更多覆盖重叠区，CRAN 更适合部署 CA、CoMP 和单频网（Single Frequency Network，SFN）等，实现站间高效协同，大幅提升无线网络性能。

（2）CRAN 可以降低站点获取难度，实现无线接入网快速部署，缩短建设周期；在不易于部署站点的覆盖盲区可以更容易实现深度覆盖。

（3）可通过跨站点组建基带池，实现站间基带资源共享，在资源利用方面更加合理。

3. CRAN 架构缺点

CRAN 架构虽然有诸多优势，但因为 BBU 集中部署，所以也存在一些缺点。

（1）BBU 和 RRU 之间形成长距离拉远，前传接口光纤消耗大，会带来较高的光纤成本。

（2）BBU 集中在单个机房中，安全风险高，一旦机房出现传输光缆故障或水灾、火灾等问题，将导致大量基站出现故障。

（3）要求集中机房具备足够的设备安装空间，同时，还需要机房具备完善的配套设施用于支撑散热、备电（如空调、蓄电池等）的需要。

综合来看，由于不需要每个站点建设机房，只需通过"CRAN 机房+远端抱杆"的方式就可以快速完成无线接入网站点部署形成覆盖，所以该方案适用于大容量高密度话务区（如密集城区、园区、商场、居民区等）以及其他要求在短时间内完成基站部署的区域。总体而言，目前运营商 CRAN 站点比例远低于 DRAN，但未来为了使站点更易于部署、开通各项高效协同特性以提升无线网络性能，CRAN 架构将会是 5G 无线接入网部署的未来趋势。

2.2　CloudRAN 架构

5G 在核心网实现云化之后，更有利于用户面分层部署，实现业务的低时延转发。那么距离无线接入网最近的边缘云，能否和无线接入网部分功能融合，以提升无线网络的性能呢？

2.2.1　无线接入网重构

随着 2G/3G/4G/5G 网络的相继建设部署，整个移动通信网络正变得越来越复杂，尤其是无线接入网层面。各厂家之间独立的"烟囱式"网元架构增加了网元的建设与维护成本，同时，新的制式又不断引入新的频段，如图 2-6 所示。

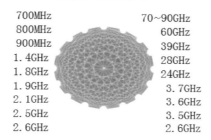

图 2-6　多制式多频段

"宏站+微站+室分"混合组网形成的异构网络，站点形态多样，功率大小不一，导致无线接入网的运维管理难度越来越大，如图 2-7 所示。

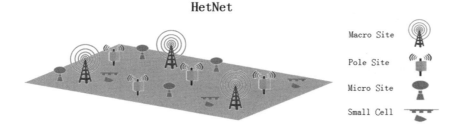

图 2-7　异构网络

5G 部署初期，大部分运营商选择非独立组网向独立组网方式逐渐演进的方案。在 NSA 组网阶段，4G/5G 之间需要解决如何更加高效地完成业务协同的问题。

5G 网络的未来实现目标是网络切片即服务（Network Slicing as a Service，NSaaS），在无线侧需要功能扩展性非常强的架构来完成各个切片逻辑的划分并进行高效的管理；同时，还需要支持组建大范围基带资源池以提升资源利用率。

在未来超高可靠性超低时延业务场景下，用户面转发功能需要下沉到网络边缘，无线侧需要灵活控制空中接口协议栈，并和垂直行业的边缘计算服务器完成高层应用的对接。

当前传统的无线接入网网络架构已经无法满足这些需求，需要进行网络架构上的重新设计以满足 5G 未来业务的需求，形成一个敏捷而弹性、统一接入统一管理、可灵活扩展的全新无线接入网。

2.2.2 CloudRAN 架构

鉴于无线接入网重构的种种需求，5G 引入了全新的 CloudRAN 架构。

CloudRAN 引入了集中单元和分布单元分离的架构。CU/DU 分离的中心思想是，将基站 BBU 的空中接口协议栈分割成实时处理部分和非实时处理部分，其中，实时处理部分即 DU，仍保留在 BBU 模块中；非实时处理部分即 CU，通过网络功能虚拟化（Network Functions Virtualization，NFV）之后云化部署，如图 2–8 所示。

V2-1 CloudRAN 架构

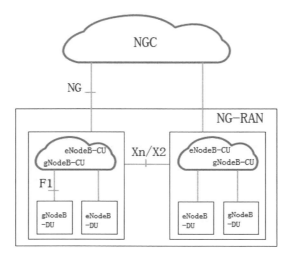

图 2-8 5G CU/DU 分离架构

CU 和 DU 之间形成新的接口——F1（中传）接口，该接口的承载采取以太网传输方案。在 CU 和 DU 的协议栈划分上，各设备厂商及运营商主张的不同划分方案共有 8 种，如图 2–9 所示。3GPP Rel–15 标准明确采用 Option2，即基于分组数据汇聚协议（Packet Data Convergence Protocol，PDCP）层/无线链路控制（Radio Link Control，RLC）层的高层 CU–DU 划分方案。

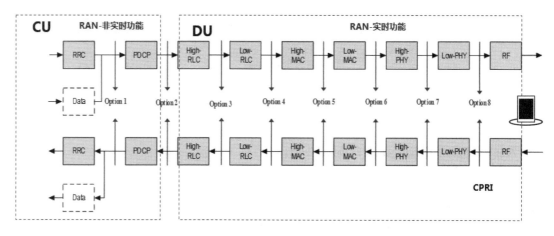

图 2-9 CU-DU 协议栈划分方案

PDCP 层具有数据复制和路由功能，运营商选择 NSA 组网（这里以 Option3X 架构为例）时，当用户面数据从核心网下发到无线侧时，会在 5G 基站的 PDCP 层完成数据分流，如图 2–10 所示。若 CU 非云化组网，则核心网下发的用户面数据到达 5G 基站之后，分流给 LTE 基站的部分用户面数据需通过 X2 接口转发，此时必须迂回到网关再向 LTE 基站发送。该流量迂回会给承载网增加不必要的流量负担，同时增加了用户面分流数据的传输时延。

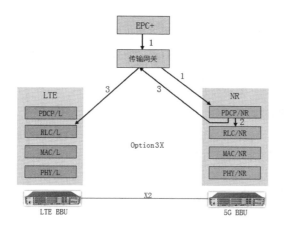

图 2-10　CU 非云化部署造成 5G 到 LTE 的流量迂回

但是，如果 LTE 和 5G 都进行 CU/DU 分离，且 CU 统一云化集中部署，则用户面数据分流在 CU 内部即可完成 X2 转发，不会形成承载网数据迂回。因此，将 PDCP 层划分到 CU 模块中，同时使 CU 云化集中部署，更适合 NSA 组网中的用户面 5G 分流（Option3X）架构。

2.2.3　CloudRAN 部署

在确定 CU/DU 协议栈功能划分方案和 CU 云化集中部署架构之后，CloudRAN 架构还需要考虑 CU 和其他网元的对接。例如，用户面功能，以及 CU 和 DU 的位置部署、DU 和射频之间的前传接口部署等问题。图 2-11 所示为 CloudRAN 整体方案。

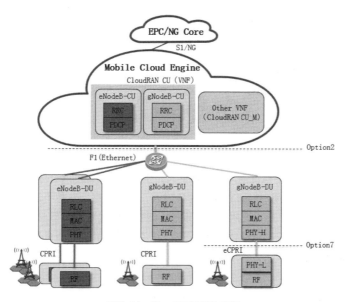

图 2-11　CloudRAN 整体方案

1. Mobile Cloud Engine 解决方案

由于 CU 的功能属于基站功能的一部分，所以部署 CU 的云数据中心一般位于边缘云或区域云。该数据中心除了需要部署 CU 网元之外，还需要部署 UPF 和移动边缘计算（Mobile Edge Computing，MEC）服务器。对于低时延业务（以无人驾驶业务为例），当 DU 侧将用户面上行数据送到 CU 完成相应处理之后，CU 需将数据转发到 UPF，UPF 再将数据转发至相应的无人驾驶 MEC 服务器中，产生控制命令再反向下行发送至 DU。因此，部署了 CU 的云数据中心采用移动云引擎（Mobile Cloud Engine，MCE）方案，该方案包含了 CU、UPF、MEC 以及其他接入侧一系列的虚拟化网络功能集合，从形态上看，这些功能安装在通用的服务器上，遵从 NFV 架构和云化特征。

2. CU、DU 位置部署方案

通常，DU 仍然保留在基带板中，部署在 BBU 侧。但实际上，DU 的部署可以采用传统的 DRAN 架构或者 CRAN 架构，这和 CU 的部署位置有关。

如图 2-12 所示（图中 100X 指 100 以上，10X 指 10 以上），在 Option2 方案中，CU 部署在边缘云数据中心（某些极低时延业务场景），或者位于中心机房（下挂的 BBU 数量较少，CU 集中程度不高），此时 DU 适合采用 DRAN 部署；在 Option1 方案中，CU 部署在区域云数据中心（大量 CU 高度集中部署），此时 DU 可以采用 CRAN 或者 DRAN/CRAN 并存的部署方案。

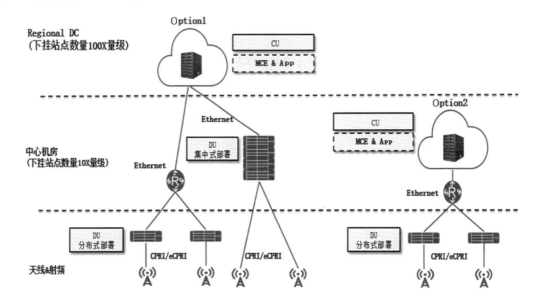

图 2-12　CloudRAN 整体部署

在 Option1 方案中，CU 集中程度高，能实现更大范围的控制处理，可以组成较大规模的基带资源池，资源共享效果好；但是 CU 距离用户较远，业务时延较大，时延敏感型业务不适合采用该方案。

而在 Option2 方案中，MCE 更靠近用户，时延低，能够实现时延敏感型业务；但是资源池规模小，无法大范围共享基带资源，而且有些中心机房可能需要改造才能够部署通用服务器。

3. 前传接口解决方案

（1）eCPRI 方案。

传统的前传接口采用了 CPRI 协议，BBU 和射频模块（AAU/RRU）的处理流程按照图 2-13 所示的

Option8 方案进行划分。

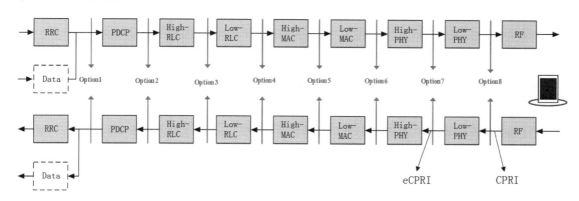

图 2-13　CPRI/eCPRI 接口划分方案

但是，在 Option8 方案中，CPRI 接口传输的数据量很大，尤其是在 5G 基站普遍采用了 64T64R 的大规模多输入/输出（Massive Multiple-Input Multiple-Output，Massive MIMO）天线的情况下，CPRI 接口的带宽需求超过了 300Gbit/s（见表 2-1），即使采用 3.2：1 的 CPRI 接口压缩之后也接近 100Gbit/s（见表 2-2）。

表 2-1　压缩前的 5G 1T1R 天线和 64T64R 天线的 CPRI 数据带宽

天线规模	系统带宽			
	40MHz	60MHz	80MHz	100MHz
1T1R	1.9412Gbit/s	2.9119Gbit/s	3.8825Gbit/s	4.8531Gbit/s
64T64R	124.2395Gbit/s	186.3593Gbit/s	248.479Gbit/s	310.5988Gbit/s

表 2-2　3.2：1 压缩后的 5G 1T1R 天线和 64T64R 天线的 CPRI 数据带宽

天线规模	系统带宽			
	40MHz	60MHz	80MHz	100MHz
1T1R	0.605Gbit/s	0.9075bit/s	1.21Gbit/s	1.5126Gbit/s
64T64R	38.7213Gbit/s	58.082Gbit/s	77.4426Gbit/s	96.8033Gbit/s

为了减轻前传接口的带宽压力，5G 在前传接口上采用了 Option7 划分方案，即 eCPRI 接口方案。在 eCPRI 接口方案中，部分物理层处理过程被转移到射频模块中，可以使前传接口传输带宽需求下降为同等配置下的 CPRI 接口带宽需求的 1/4，即 64T64R 天线规模下采用 3.2：1 的比例进行压缩，eCPRI 接口传输带宽需求约为 25Gbit/s，从而大幅降低了前传接口光模块的规格要求和部署成本。

（2）前传接口传输方案。

对于 DU 分布式架构部署场景，一般 DU 距离 AAU/RRU 比较近，可直接采取光纤直驱的方式解决前传接口传输问题；对于 DU 集中式部署场景，DU 集中位置和 AAU/RRU 距离较远，此时，建议采用无源/有源波分方案解决前传接口传输问题，以减少 DU 至 AAU 之间所需的光纤数量，降低传输成本。

2.2.4　CloudRAN 价值

实现 CloudRAN 架构之后，将大大增加无线接入网的协同程度及资源弹性，便于统一、简化运维。总体而言，CloudRAN 架构的价值如下。

（1）统一架构，实现网络多制式、多频段、多层网、超密网等多维度融合。

（2）集中控制，降低无线接入网复杂度，便于实现制式间与站点间高效地业务协同。

（3）5G 平滑引入，使用双连接的技术可以实现极致的用户体验；同时，避免了 4G 和 5G 站点间可能出现的数据迁回而导致的额外传输投资和传输时延。

（4）软件与硬件解耦，开放平台，促进业务敏捷上线。

（5）便于引入人工智能实现无线接入网切片的智能运维管理，适配未来业务的多样性。

（6）云化架构实现了资源池化、网络按需部署、弹性扩缩容，提升了资源利用效率，保护了运营商的投资。

（7）适应多种接口划分方案，可以满足不同传输条件下的灵活组网。

（8）网元集中部署，节省了机房，降低了运营支出（Operating Expense，OPEX）。

2.3 SA 及 NSA 组网架构

3GPP 为新空中接口定义了两种部署配置：独立部署和非独立部署。其区别主要在于是否需要其他网络（如 LTE 网络）的参与。

2.3.1 SA 基本架构

在 5GNR 独立部署（SA）中，一个支持 5G 的 UE 直接与 gNodeB 建立无线连接，并通过接入 5G 核心网（5G Core network，5GC）来建立服务。5G 独立部署并不需要一个相关联的 LTE 网络参与。这是最简单的部署架构，允许最简单的 UE 实现，且不影响现有的 2G/3G/4G 网络和用户，因而无须对当前网络进行改造。但这种部署方式在网络建设初期需要较大的投资，且需要较长的一段时间才能保证良好的 5G 网络覆盖。

独立部署对应 5G 架构选项中的 Option2。Option2 架构可独立于现有网络工作，其控制面和用户面数据都只在 5G NR 的网络中传输，如图 2-14 所示。

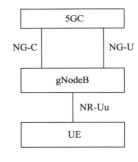

图 2-14　独立部署：3GPP Option2 架构

2.3.2 NSA 基本架构

除了独立部署方式之外，3GPP 还定义了非独立部署方式。在该部署方式中，UE 会使用双连接同时与 5G gNodeB 和 LTE eNodeB 保持连接。

由于 5G 网络部署初期覆盖不足，因此可以使用 DC 将现有 LTE 网络的覆盖优势与 5G 的吞吐量和延迟优势结合起来。该部署方式建设周期短，可以在 5G 网络覆盖不足的情况下先行提供 5G 业务，适合在局部热点区域部署，以便循序渐进地开展 5G 商用服务。但是，非独立部署要求更复杂的 UE 实现，以允许 UE 同时与 LTE 和 5G 网络保持连接，这潜在地增加了 UE 的成本。NSA 部署方式还要求更复杂的 UE 无线能力，包括在不同频带上同时从 5G 和 LTE 网络接收下行数据的能力。与此同时，5G 网络与 LTE 网络的互操作也会使实现变得更加复杂。在 NSA 组网部署中，基于控制面的数据是经由 LTE eNodeB 与 4G EPC 或 5GC 进行通信，还是经由 NR gNodeB 与 5GC 进行通信，可以分为几种不同的部署选项：Option3、Option4 和 Option7，如表 2-3 所示。对应任意一种 Option，基站与核心网之间的控制面数据传输路径只有一条，经过的网元类别不同，即对应不同的 Option。与此同时，5G gNodeB 与 LTE eNodeB 之间存在一条独立的控制面数据连接，以便二者之间进行控制面数据交换。

表 2-3　NSA 组网部署选项

核心网	RAN 侧基站与核心网之间的控制面和用户面连接	双连接 RAN-CN 架构选项
4G EPC	LTE eNodeB	Option3
4G EPC	NR gNodeB	N/A
5GC	LTE eNodeB	Option7
5GC	NR gNodeB	Option4

> **注 意**
>
> （1）选项后加后缀 "A" 表示 eNodeB 和 gNodeB 均与核心网存在用户面的直接连接。
> （2）选项后加后缀 "X" 表示 eNodeB 和 gNodeB 均与核心网存在用户面的直接连接，并且 Split 承载被用于 gNodeB SCG。

1. Option3 系列架构

Option3 系列架构使用 4G EPC 作为核心网、eNodeB 作为 MCG、gNodeB 作为 SCG，如图 2-15（a）所示。该架构只在 LTE eNodeB 和 EPC 之间存在直接的控制面连接(使用 S1-C 接口)，而 gNodeB 与 EPC 之间不存在直接的控制面连接，gNodeB 需要经由 eNodeB 与核心网进行控制面数据传输。同时，eNodeB 和 gNodeB 之间通过 X2-C 接口交换控制面信息。在此架构中，eNodeB 作为 MCG、gNodeB 作为 SCG 存在。在 Option3 系列架构中，eNodeB 使用 S1-U 接口与 EPC 进行用户面数据传输，并使用 X2-U 接口与 gNodeB 进行用户面数据传输。gNodeB 需要经由 eNodeB 与核心网进行用户面数据传输，gNodeB 与 EPC 之间不存在直接的用户面连接。

V2-2 Option3 系列架构

在 Option3A 架构中，控制面数据的处理与 Option3 相同，如图 2-15(b)所示。但在用户面上，eNodeB 和 gNodeB 都与 EPC 存在直接的用户面连接（均使用 S1-U 接口），gNodeB 和 EPC 之间可以直接进行用户面数据传输。

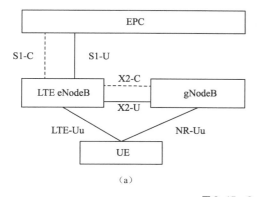

（a）

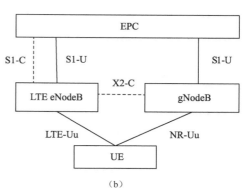

（b）

图 2-15　Option3 系列架构

在 Option3X 中，控制面和用户面的处理与 Option3A 相同。但在用户面上，gNodeB 与 EPC 之间的用户面数据可能会被分离，其中分离的数据会通过 X2-U 接口发往/接收自 eNodeB，并在 LTE 的空中接口上传输。

Option3 对应 MR-DC 中的 EN-DC（E-UTRA-NR Dual Connectivity）部署方式。该部署方式利用了已有的 LTE 无线网络和核心网作为锚点，以提供移动性管理和网络覆盖；同时，添加了额外的 5G 载波以提升数据吞吐量。

2. Option4 系列架构

Option4 系列架构使用 5GC 作为核心网，如图 2-16（a）所示。该架构只在 5G gNodeB 和 5GC 之间存在直接的控制面连接（使用 NG-C 接口），而 eNodeB 与 5GC 之间不存在直接的控制面连接，eNodeB 需要经由 gNodeB 与核心网进行控制面数据传输。同时，gNodeB 和 eNodeB 之间通过 Xn-C 接口交换控制面信息。在该架构中，gNodeB 作为 MCG、eNodeB 作为 SCG 存在。在 Option4 系列架构中，gNodeB 使用 NG-U 接口与 5GC 进行用户面数据传输，并使用 Xn-U 接口与 eNodeB 进行用户面数据传输。eNodeB 需要经由 gNodeB 与核心网进行用户面数据传输，eNodeB 与 5GC 之间不存在直接的用户面连接。可以看出，Option4 的网络拓扑结构基本上与 Option3 是相反的。在 Option4A 架构中，控制面数据的处理与 Option4 相同，如图 2-16（b）所示。但在用户面上，eNodeB 和 gNodeB 都与 5GC 存在直接的用户面连接（均使用 NG-U 接口），eNodeB 和 5GC 之间可以直接进行用户面数据传输。Option4 对应 MR-DC 中的 NE-DC（NR-E-UTRA Dual Connectivity）部署方式。

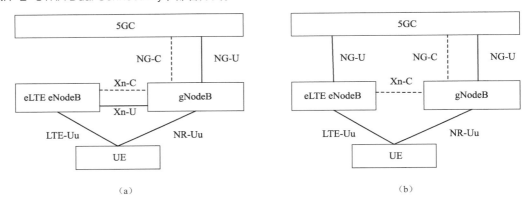

图 2-16　Option4 系列架构

3. Option7 系列架构

Option7 系列架构使用了类似于 Option3 的网络架构，如图 2-17（a）所示，eNodeB 作为 MCG、gNodeB 作为 SCG 存在。但不同的是，Option7 使用 5GC 而不是 EPC 作为核心网，这要求 eNodeB 支持 eLTE 接口与 5GC 进行连接。此时，eLTE eNodeB 使用 NG-C 接口与 5GC 进行控制面连接，使用 NG-U 接口与 5GC 进行用户面连接。eNodeB 和 gNodeB 之间通过 Xn-C 接口交换控制面信息。在 Option7 系列架构中，eNodeB 使用 NG-U 接口与 5GC 进行用户面数据传输，并使用 Xn-U 接口与 gNodeB 进行用户面数据传输。gNodeB 需要经由 eNodeB 与核心网进行用户面数据传输，gNodeB 与 5GC 之间不存在直接的用户面连接。

在 Option7A 架构中，控制面数据的处理与 Option7 相同，如图 2-17（b）所示。但在用户面上，eNodeB 和 gNodeB 都与 5GC 存在直接的用户面连接（均使用 NG-U 接口），gNodeB 和 5GC 之间可以直接进行用户面数据传输。

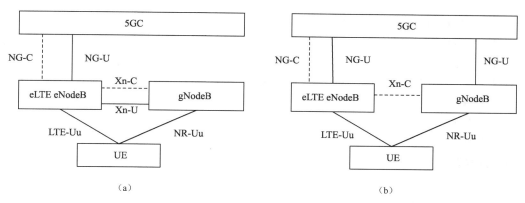

图 2-17 Option7 系列架构

Option3 系列架构不使用 5GC，因此无须使用与 5GC 进行通信的接口，该架构只需要新增空中接口（UE 和 gNodeB 之间）和 X2 接口（gNodeB 和 LTE eNodeB 之间）即可提供 5G 服务。因此，在早期的 5G 部署中，Option3/3A/3X 会是优先被采用的 NSA 组网架构。

本章小结

本章先介绍了 DRAN 架构部署的优势和缺点、CRAN 架构的部署优势和缺点、CloudRAN 架构的特点；再介绍了 CU/DU 分离的部署原理以及 CloudRAN 部署带来的价值；最后重点讲解了 SA 和 NSA 组网架构中不同架构选项在设备、数据分流等方面的区别。

通过本章的学习，读者应该对 5G 无线组网架构有一定的了解，能够对 SA 组网中 Option2 选项有清晰的认识，熟悉 NSA 组网中 Option3 和 Option3X 数据分流方式，了解现网当前运营商的组网选项。

课后练习

1. 选择题

（1）下列组网方式可用于 5G 的接入网部署的是（　　）。

    A. DRAN   B. CRAN   C. CloudRAN   D. 以上都可以

（2）下列选项不是 DRAN 架构优势的是（　　）。

    A. 可根据站点机房实际条件灵活部署回传方式

    B. BBU 和射频模块共站部署，前传消耗的光纤资源少

    C. 单站出现供电、传输方面的问题时，不会对其他站点造成影响

    D. 可通过跨站点组建基带池，实现站间基带资源共享，资源利用更加合理

（3）下列选项不是 CRAN 架构的缺点的是（　　）。

    A. 前传接口光纤消耗大

    B. BBU 集中在单个机房，安全风险高

    C. 站点间资源独立，不利于资源共享

    D. 要求集中机房具备足够的设备安装空间

（4）5G 基站的 DU 模块不包含（　　　）。

    A. PDCP 层　　　　　B. RLC 层　　　　　　　C. MAC 层　　　　　　　　D. 物理层

（5）（多选题）CloudRAN 架构的移动云引擎中至少包含（　　　）网元功能。

    A. CU　　　　　　　B. DU　　　　　　　　　C. UPF　　　　　　　　　D. MEC

（6）以下属于 SA 组网方式的是（　　　）。

    A. Option2　　　　　B. Option3　　　　　　　C. Option4　　　　　　　　D. Option4A

2. 简答题

（1）简述 CloudRAN 架构对于 5G 网络的价值。

（2）传统无线接入网架构在 5G 时代将面临哪些挑战？

Communication

3

Chapter

第 3 章
5G 空中接口物理层

5G 的无线侧技术相对于 LTE 发生了许多变化，5G 也称其为新空中接口（New Radio，NR）。

本章首先介绍 5G 无线空中接口的协议栈，并针对物理层进行解析，梳理 5G 的帧和信道结构，再对 5G 上下行的物理信号和信道进行重点讲解。

课堂学习目标

● 掌握 5G 帧结构

● 掌握 5G 信道结构

● 了解 5G 参考信号

● 掌握 5G 上下行物理信道的作用

3.1 5G 无线空中接口协议

5G 无线协议栈分为两个平面：用户面（User Plane，UP）和控制面（Control Plane，CP）。用户面协议栈即用户业务数据传输采用的协议栈，控制面协议栈即系统的控制信令传输采用的协议栈。

5G 用户面协议栈架构由 SDAP 层、PDCP 层、RLC 层、MAC 层和 PHY 层组成，如图 3-1 所示。

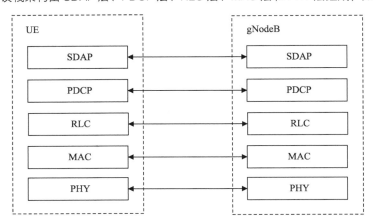

图 3-1　5G 用户面协议栈

5G 控制面协议栈架构由 RRC 层、PDCP 层、RLC 层、MAC 层和 PHY 层组成，如图 3-2 所示。

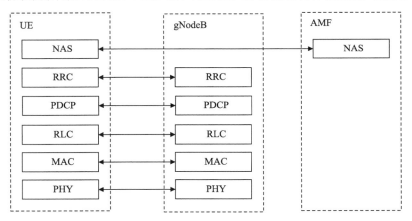

图 3-2　5G 控制面协议栈

3.1.1　RRC 层

NR 的 RRC 层提供的功能与 LTE 类似，RRC 是空中接口控制面的主要协议栈。UE 与 gNodeB 之间传送的 RRC 消息依赖于 PDCP、RLC、MAC 和 PHY 各层的服务。RRC 层处理 UE 与 NG-RAN 之间的所有信令，包括 UE 与核心网之间的信令，即由专用 RRC 层消息携带的 NAS 信令。携带 NAS 信令的 RRC 层消息不改变信令内容，只提供转发机制。

NR 中支持 3 种 RRC 状态：RRC_IDLE 态、RRC_INACTIVE 态和 RRC_CONNECTED

V3-1 RRC 层状态

态。也就是说，与 LTE 的 RRC 状态相比，NR 中新增了 RRC_INACTIVE 态。NR 中的 RRC_IDLE 态和 RRC_CONNECTED 态与 LTE 中相同状态下的处理类似，这里不再介绍，本节将重点介绍 NR 中新增的 RRC_INACTIVE 态。

　　类似于 RRC_IDLE 态，处于 RRC_INACTIVE 态的 UE，将基于参考信号的测量执行小区重选且不向网络提供测量报告。另外，当网络需要向 UE 发送数据（如下行数据到达）时，网络会寻呼 UE，UE 进行随机接入以连接到网络中。当 UE 需要发起上行业务时，它会向当前小区发起随机接入过程以便同步并连接到网络中。RRC_INACTIVE 态与 RRC_IDLE 态的不同之处在于，处于 RRC_INACTIVE 态的 UE 和 gNodeB 会保存之前的与 RRC_CONNECTED 态相关的配置（如 AS 上下文、安全相关配置和无线承载等），以便 UE 在随机接入过程之后，能够恢复并使用原有的配置，以降低接入时延。另外，gNodeB 会保持 5GC 和 NG-RAN 之间的连接（包括 NG-C 和 NG-U 连接），进一步缩短了恢复等待时间。

　　在 RRC_INACTIVE 态中，最后提供服务的 RAN 节点会保存 UE 上下文以及与服务 AMF 和 UPF 相关联的 UE 特定的 NG 连接。当发生小区重选，且 UE 从 RRC_INACTIVE 态恢复为 RRC_CONNECTED 态时，UE 重新选择的新小区必须能够从旧小区中获取 UE 上下文，以重新恢复 RRC 连接。如果上下文获取失败，则网络可以指示 UE 执行类似于从 RRC_IDLE 态到 RRC_CONNECTED 态的 RRC 连接建立流程（即重新建立一个新的连接）。

3.1.2　SDAP 层

　　SDAP 层提供的主要功能如图 3-3 所示，具体包括以下 3 种。

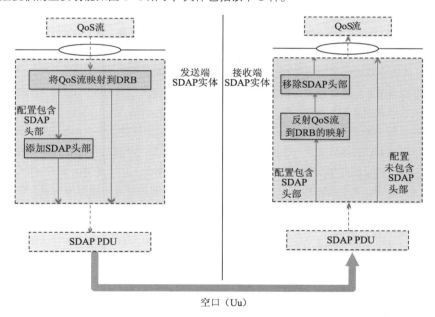

图 3-3　SDAP 层提供的主要功能

　　（1）负责 QoS 流与 DRB（数据无线承载）之间的映射。

　　（2）为下行和上行数据包添加服务质量流标识（QoS Flow ID，QFI）。

　　（3）反射 QoS 流到 DRB 的映射（用于上行 SDAP PDU）。

　　只有当 UE 接入的核心网是 5GC（而不是 4G 核心网 EPC）时，才存在 SDAP 层的处理。SDAP 层只应用于用户面数据，而不用于控制面数据。

SDAP 实体用于处理与 SDAP 层相关的流程。每个独立的 PDU 会话对应一个独立的 SDAP 实体。也就是说，如果一个 UE 同时有多个 PDU 会话，则将会建立多个 SDAP 实体。SDAP 实体从上层接收到的数据，或发往上层的数据被称作 SDAP SDU；SDAP 实体从 PDCP 层接收到的数据，或发往 PDCP 层的数据被称作 SDAP PDU。

多个 QoS 流可以映射到同一个 DRB 上。但是在上行，同一时间一个 QoS 流只能映射到一个 DRB 上，但后续可以修改并将一个 QoS 流映射到其他 DRB 上。

3.1.3 PDCP 层

在 NR 的协议栈中，PDCP 层位于 RLC 层之上，SDAP 层（用户面）或 RRC 层（控制面）之下。PDCP 层主要具有以下 6 个功能。

（1）对 IP 报头进行压缩/解压缩，以减少空中接口传输的比特数。

（2）对数据（包括控制面数据和用户面数据）进行加密/解密。

（3）对数据进行完整性保护。控制面数据必须进行完整性保护，用户面数据是否需要完整性保护取决于配置。

（4）基于定时器的 SDU 丢弃。PDCP SDU 丢弃功能主要用于防止发送端的传输缓存区溢出，丢弃那些长时间没有被成功发送出去的 SDU。

（5）路由。在使用 Split Bearer 的情况下，PDCP 发送端会对报文进行路由转发。

（6）重排序和按序递送。在 NR 中，RLC 层只要重组出一个完整的 RLC SDU，就会将其送往 PDCP 层。也就是说，RLC 层是不会对 RLC SDU（即 PDCP PDU）进行重排序的，其发往 PDCP 层的 RLC SDU 可能是乱序的。这就要求 PDCP 的接收端对从 RLC 层接收到的 PDCP PDU 进行重排序，并按序递送给上层。

PDCP 层只应用在映射到逻辑信道 DCCH 和 DTCH 的无线承载（Radio Bearer，RB）上，而不会应用于其他类型的逻辑信道上。也就是说，系统信息（包括 MIB 和 SIB）、Paging 以及使用 SRB0 的数据不经过 PDCP 层处理，也不存在相关联的 PDCP 实体。

除 SRB0 外，每个无线承载都对应一个 PDCP 实体。一个 UE 可建立多个无线承载，因此可包含多个 PDCP 实体，每个 PDCP 实体只处理一个无线承载的数据。基于无线承载的特性或 RLC 模式的不同，一个 PDCP 实体可以与 1 个、2 个或 4 个 RLC 实体相关联。对于 Non-split 承载，每个 PDCP 实体与 1 个 UM RLC 实体（单向）、2 个 UM RLC 实体（双向，每个 RLC 实体对应一个方向）或 1 个 AM RLC 实体（一个 AM RLC 实体同时支持 2 个方向）相关联。对于 Split 承载，由于一个 PDCP 实体在 MCG 和 SCG 上均存在对应的 RLC 实体，所以每个 PDCP 实体与 2 个 UM RLC 实体（同向）、4 个 UM RLC 实体（每个方向各 2 个）或 2 个 AM RLC 实体（同向）相关联。

PDCP 层的功能如图 3-4 所示。

在发送端，PDCP 实体按如下步骤进行处理。

（1）来自 RRC 层的控制面数据或来自 SDAP 层的用户面数据（PDCP SDU）会先缓存在 PDCP 的传输缓存区中，并按顺序为每个数据包分配一个"序列号"（Sequence Number，SN），SN 指示了数据包的发送顺序。

（2）PDCP 实体会对用户面数据进行头部压缩处理。头部压缩只应用于用户面数据（DRB），而不应用于控制面数据（SRB）。虽然图 3-4 中并未明确注明，但用户面数据是否进行头部压缩处理是可选的。

（3）PDCP 实体基于完整性保护算法对控制面数据或用户面数据进行完整性保护，并生成 MAC-I 验证码，以便接收端进行完整性校验。控制面数据必须进行完整性保护，而用户面数据的完整性保护功能是可选的。

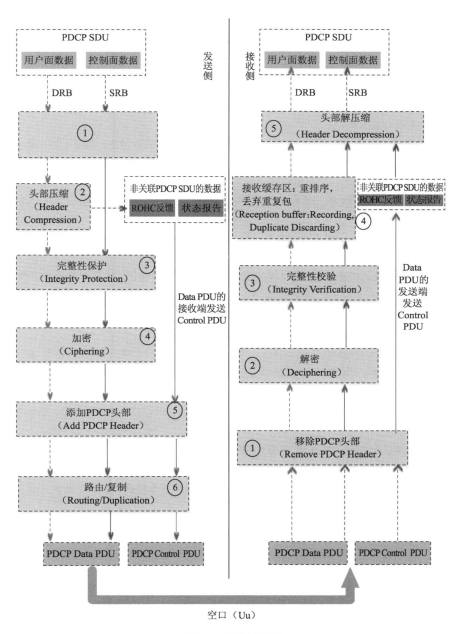

图 3-4　PDCP 层功能

（4）PDCP 实体会对控制面数据或用户面数据进行加密，以保证发送端和接收端之间传递的数据的保密性。除了 PDCP Control PDU 外，经过 PDCP 层的所有数据都会进行加密处理。

（5）添加 PDCP 头部，生成 PDCP PDU。

（6）如果 RRC 层给 UE 配置了复制功能，则 UE 在发送上行数据时，会在两条独立的传输路径上发送相同的 PDCP PDU。如果建立了 Split Bearer，则 PDCP 层可能需要对 PDCP PDU 进行路由，以便发送到目标承载上。路由和复制都是在 PDCP 发送实体里进行的。

在接收端，PDCP 实体按以下步骤进行处理。

（1）PDCP 实体从 RLC 层接收到一个 PDCP Data PDU 后，会先移除该 PDU 的 PDCP 头部，并根据接收到的 PDCP SN 以及自身维护的 HFN 得到该 PDCP Data PDU 的 RCVD_COUNT 值，该值对后续的处理至关重要。

（2）PDCP 实体会使用与 PDCP 发送端相同的加解密算法对数据进行解密。

（3）PDCP 实体会对解密后的数据进行完整性校验。如果完整性校验失败，则向上层指示完整性校验失败，并丢弃该 PDCP Data PDU。

（4）PDCP 实体会判断是否收到了重复包，如果是，则丢弃重复的数据包；如果不是，则将 PDCP SDU 放入接收缓存区中，进行可能存在的重排序处理，以便将数据按序递送给上层。

（5）对数据进行头部解压缩。如果解压缩成功，则将 PDCP SDU 递送给上层；如果解压缩失败，则解压缩端会将反馈信息发送到压缩端以指示报头上下文已被破坏。

3.1.4　RLC 层

RLC 层位于 PDCP 层（或 RRC 层）和 MAC 层之间。它通过服务接入点（Service Access Point，SAP）与 PDCP 层（或 RRC 层）进行通信，并通过逻辑信道与 MAC 层进行通信。RLC 配置是逻辑信道级的配置，一个 RLC 实体只对应一个 UE 的一个逻辑信道。RLC 实体从 PDCP 层接收到的数据，或发往 PDCP 层的数据被称作 RLC SDU（或 PDCP PDU）。RLC 实体从 MAC 层接收到的数据，或发往 MAC 层的数据被称作 RLC PDU（或 MAC SDU）。RLC 层主要具有以下功能。

（1）分段/重组（Segmentation/Reassembly，只适用于 UM 和 AM 模式）RLC SDU。在一次传输机会中，一个逻辑信道可发送的所有 RLC PDU 的总大小是由 MAC 层指定的，其大小通常并不能保证每一个需要发送的 RLC SDU 都能完整地发送出去，所以在发送端需要对某些（或某个）RLC SDU 进行分段以便匹配 MAC 层指定的总大小。相应的，在接收端需要对之前分段的 RLC SDU 进行重组，以便恢复出原来的 RLC SDU 并递送给上层。

（2）通过 ARQ 来进行纠错（只适用于 AM 模式）。MAC 层的混合自动重传请求（Hybrid Automatic Repeat reQuest，HARQ）机制的目标在于实现非常快速的重传，其反馈出错率在 1% 左右。对于某些业务，如 TCP 传输（要求丢包率小于 10^{-5}），HARQ 反馈的出错率就显得过高了。对于这类业务，RLC 层的重传处理能够进一步降低反馈出错率。

（3）对 RLC SDU 分段进行重分段（Re-segmentation，只适用于 AM 模式）。当一个 RLC SDU 分段需要重传，但 MAC 层指定的大小无法保证该 RLC SDU 分段完全发送出去时，就需要对该 RLC SDU 分段进行重分段处理。

（4）重复包检测（Duplicate Detection，只适用于 AM 模式）。出现重复包的最大可能为发送端反馈了 HARQ ACK，但接收端错误地将其解释为 NACK，从而导致了不必要的 MAC PDU 重传。当然，RLC 层的重传（AM 模式下）也可能带来重复包。

（5）RLC SDU 丢弃处理（只适用于 UM 和 AM 模式）。当 PDCP 层指示 RLC 层丢弃一个特定的 RLC SDU 时，RLC 层会触发 RLC SDU 丢弃处理。如果此时既没有将该 RLC SDU 丢弃，也没有将该 RLC SDU 的部分分段递交给 MAC 层，则 AM RLC 实体发送端或 UM 发送端实体会丢弃指示的 RLC SDU。也就是说，如果一个 RLC SDU 或其任意分段已经用于生成了 RLC PDU，则 RLC 发送端不会丢弃它，而是会完成该 RLC SDU 的传输（这意味着 AM RLC 实体发送端会持续重传该 RLC SDU，直到它被对端成功接收）。当丢弃一个 RLC SDU 时，AM RLC 实体发送端并不会引入 RLC SN 间隙。

（6）RLC 重建。在切换流程中，RRC 层会要求 RLC 层进行重建。此时，RLC 层会停止并重置所有定时器，将所有的状态变量重置为初始值，并丢弃所有的 RLC SDU、RLC SDU 分段和 RLC PDU。在 NR 中，

RLC 重建时接收端是不会向上层递送 RLC SDU 的。这是因为 NR 中的 RLC 层不支持重排序，只要收到一个完整的 RLC SDU，就立即向上层递送，所以接收端不会缓存完整的 RLC SDU。

RLC 层的功能是由 RLC 实体来实现的，而 RLC 实体是在无线承载建立时创建，且在无线承载释放时删除的。一个 RLC 实体可以配置成以下 3 种模式之一。

（1）透传模式（Transparent Mode，TM）：对应 TM RLC 实体，简称 TM 实体。该模式可以认为是空的 RLC，因为这种模式下只提供数据的透传功能，不会对数据进行任何加工处理，也不会添加 RLC 头信息。

（2）非确认模式（Unacknowledged Mode，UM）：对应 UM RLC 实体，简称 UM 实体。该模式不会对接收到的数据进行确认，即不会向发送端反馈 ACK/NACK。因此，该模式提供了一种不可靠的传输服务。

（3）确认模式（Acknowledged Mode，AM）：对应 AM RLC 实体，简称 AM 实体。通过出错检测和重传，确认模式提供了一种可靠的传输服务。该模式提供了 RLC 层的所有功能。

一个 TM 实体或 UM 实体只具备发送或接收数据的功能，而不能同时配置收发功能；而 AM 实体既包含发送功能，又包含接收功能。需要说明的是，在同一 RLC 实体（或配对的 RLC 实体）内讨论具体的流程才有意义，不同的 RLC 实体之间是相互独立的。每种模式支持的 RLC 层功能如表 3-1 所示。

表 3-1 每种模式支持的 RLC 层功能

RLC 层功能	模式		
	TM	UM	AM
传输上层 PDU	Yes	Yes	Yes
使用 ARQ 进行纠错	No	No	Yes
对 RLC SDU 进行分段和重组	No	Yes	Yes
对 RLC SDU 分段进行重分段	No	No	Yes
重复包检测	No	No	Yes
RLC SDU 丢弃处理	No	Yes	Yes
RLC 重建	Yes	Yes	Yes
协议错误检测	No	No	Yes

3.1.5 MAC 层

MAC 层为上层协议层提供数据传输和无线资源分配服务，MAC 层主要功能如下。

（1）映射：MAC 层负责将从逻辑信道接收到的信息映射到传输信道上。

（2）复用：MAC 层的信息可能来自一个或多个无线承载，MAC 层能够将多个 RB 复用到同一个传输块（Transport Block，TB）上以提高效率。

（3）解复用：将来自 PHY 层在传输信道承载的 TB 解复用为一条或者多条逻辑信道上的 MAC SDU。

V3-2 MAC 层功能

（4）HARQ：MAC 利用 HARQ 技术为空中接口提供纠错服务。HARQ 的实现需要 MAC 层与 PHY 层的紧密配合。

（5）无线资源分配：MAC 层提供了基于服务质量的业务数据和用户信令的调度。

3.1.6 PHY 层

PHY 层位于空中接口协议栈的最底层，主要完成传输信道到物理信道的映射及执行 MAC 层的调度，具体的功能包括 CRC 的添加、信道编码、调制、天线口映射等。

V3-3 PHY 层功能

3.2 基础参数及帧结构

5G 在空中接口的参数定义大多和 LTE 一致，包括时域资源和频域资源，其中，时域方面包括帧、时隙、上下行配比等；频域方面包括 RB、CCE、BWP 等。

3.2.1 Numerology

3GPP Rel-15 协议引入了灵活 Numerology，定义了不同的子载波间隔的循环前缀（Cyclic Prefix，CP）长度。CP 包括 Normal CP 和 Extend CP 两种类型，其中，Extend CP 只有在子载波间隔为 60kHz 的时候可以支持，其余子载波间隔不支持。如表 3-2 所示，NR 中支持 5 种 Numerology 配置，子载波间距的范围从最小 15kHz 到最大 240kHz。

V3-4 Numerology

表 3-2　不同子载波间隔的符号对应关系

μ	$f=2^{\mu}\times15\text{kHz}$	CP
0	15	Normal
1	30	Normal
2	60	Normal，Extend
3	120	Normal
4	240	Normal

根据协议的规定，灵活 Numerology 支持的子载波间隔有 15kHz、30kHz、60kHz、120kHz、240kHz，其中，240kHz 子载波间隔只用于下行同步信号的发送。协议规定，不同频段支持的子载波间隔如表 3-3 所示。

表 3-3　不同频段支持的子载波间隔

频　段	支持的子载波间隔
小于 1GHz	15kHz、30kHz
1~6GHz	15kHz、30kHz、60kHz
24~52.6GHz	60kHz、120kHz

μ 的选择取决于各种因素，包括部署类型（室内/室外、宏基站/小基站等）、载波频率、业务需求（时延、可靠性和吞吐量等）、硬件损伤（振荡器相位噪声）、移动性和实现的复杂性等。例如，较宽的子载波间距可用于时延关键型服务（如 uRLLC）、覆盖区域较小和载波频率较高的场景；较窄的子载波间距可以用于载波频率较低、覆盖区域较大、窄带设备和演进型多媒体广播/多播服务的场景。

3.2.2 帧结构

每个系统帧由 10 个子帧组成，每个子帧长为 1ms。每个系统帧会被分成 2 个大小相等的半帧，每个半帧包含 5 个子帧。其中，半帧 0 包含子帧 0~4，半帧 1 包含子帧 5~9。在 NR 中，系统帧的编号为 0~1023，一个系统帧内的子帧编号为 0~9。

无线帧和子帧的长度固定，从而可以更好地保持 LTE 与 NR 间的共存。不同的是，5G NR 定义了灵活的子载波架构，时隙和字符长度可根据子载波间隔灵活定义。

对于正常的循环前缀，一个时隙包含 14 个 OFDM 符号；对于扩展的循环前缀，一个时隙包含 12 个 OFDM 符号。由于 OFDM 符号的长度与其子载波间距成反比，子载波间距越大，一个 OFDM 符号的长度越短。相应的，时隙的长度也会随着选择的 Numerology 的不同而变化，这也意味着每个子帧包含的时隙数也会随着选择的 Numerology 的不同而变化。不同的子载波间隔对应的每子帧包含的时隙数如表 3-4 所示。

表 3-4　不同的子载波间隔对应的每子帧包含的时隙数

子载波间隔 (kHz)	时隙配置(Normal CP)		
	符号数/时隙	时隙数/子帧	时隙数/帧
15	14	1	10
30	14	2	20
60	14	4	40
120	14	8	80
240	14	16	160

3.2.3　时隙格式

在 NR 中，一个时隙内的 OFDM 符号分为 3 类：下行符号（仅用于下行传输，以"D"表示）、上行符号（仅用于上行传输，以"U"表示）和灵活符号（Flexible Symbol，既可用于下行传输，又可用于上行传输，但不能同时用于上下行传输，以"X"表示）。

时隙格式取决于一个时隙内用于上行符号、下行符号以及灵活符号的 OFDM 符号数的不同。一个时隙可以仅用于下行传输（该时隙内所有的 OFDM 符号均为下行符号），也可以仅用于上行传输（该时隙内所有的 OFDM 符号均为上行符号），或者至少包含一个下行部分和至少一个上行部分（混合时隙）。

不同的时隙格式类似于 LTE 中不同的 TDD 上下行子帧配比。不同之处在于，NR 时隙格式中的上下行分配是 OFDM 符号级别的；而 LTE TDD 中的上下行分配是子帧级别的。与 LTE TDD 上下行子帧配比相比，NR 时隙格式的变种更多，更加灵活。

NR 支持多种时隙配比方案，基站可以通过以下几种方式给 UE 进行配置，从而实现动态的时隙配比调整。与 LTE 相比，NR 增加了 UE 级配置，灵活性高，资源利用率高。多层嵌套配置示意图如图 3-5 所示，NR 灵活性可以通过不同级别的配置实现。

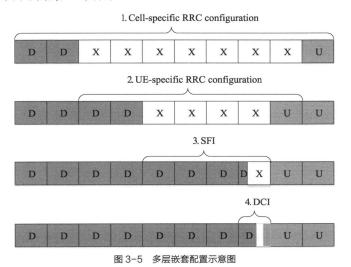

图 3-5　多层嵌套配置示意图

（1）第一级配置：通过系统消息进行半静态配置。

（2）第二级配置：通过用户级 RRC 消息进行配置。

（3）第三级配置：通过 UE-group 的 DCI 中的 SFI 指示进行配置（符号级配比）。

（4）第四级配置：通过 UE-specific 的 DCI 进行配置（符号级配比）。

使用这么多种时隙格式的主要目的是使 NR 调度更加灵活，尤其是进行 TDD 操作时。通过应用一个时隙格式，或对多个时隙进行聚合，可支持多种不同的调度类型。

第一级为 Cell-specific RRC configuration，即信令半静态配置，小区级半静态配置支持有限的配比周期选项，通过 RRC 信令实现上下行资源的灵活静态配置。

SIB1 携带了以下配置参数。

UL-DL-configuration-common:{X,x1,x2,y1,y2}，

UL-DL-configuration-common-Set2:{Y,x3,x4,y3,y4}。

其中，X 和 Y 为配比周期，取值为{0.5,0.625,1,1.25,2,2.5,5,10}ms。

其中，0.625ms 仅用于 120kHz SCS，1.25ms 用于 60kHz 以上 SCS；2.5ms 用于 30kHz 以上 SCS；小区半静态配置支持单周期和双周期配置。单周期配置示意图如图 3-6 所示。

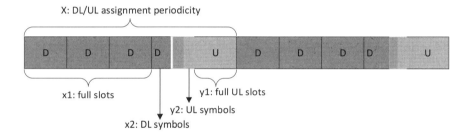

图 3-6　单周期配置示意图

双周期配置示意图如图 3-7 所示。

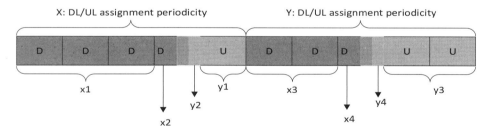

图 3-7　双周期配置示意图

x1/x3：全下行时隙数目。取值：{0,1,…,配比周期内时隙数}。

y1/y3：全上行时隙数目。取值：{0,1,…,配比周期内时隙数}。

x2/x4：全下行时隙后面的下行符号数。取值：{0,1,…,13}。

y2/y4：全上行时隙前面的上行符号数。取值：{0,1,…,13}。

这种 Cell-specific 半静态时隙格式在 ServingCellConfig(NSA)和 SIB1(SA)中配置。如图 3-8 所示，ServingCellConfig(NSA)和 SIB1(SA)中包含了 TDD-UL-DL-ConfigCommon 配置信息。

V3-5　上行时隙配
比实例

```
TDD-UL-DL-ConfigCommon::=             SEQUENCE {
    referenceSubcarrierSpacing          SubcarrierSpacing,
    pattern1                            TDD-UL-DL-Pattern,
    pattern2                            TDD-UL-DL-Pattern
...
}

TDD-UL-DL-Pattern::=                  SEQUENCE {
    dl-UL-TransmissionPeriodicity       ENUMERATED {ms0p5, ms0p625, ms1, ms1p25,
                                      ms2, ms2p5, ms5, ms10},
    nrofDownlinkSlots                   INTEGER (0..maxNrofSlots),
    nrofDownlinkSymbols                 INTEGER (0..maxNrofSymbols-1),
    nrofUplinkSlots                     INTEGER (0..maxNrofSlots),
    nrofUplinkSymbols                   INTEGER (0..maxNrofSymbols-1),
    ...,
    [[
    dl-UL-TransmissionPeriodicity-v1530 ENUMERATED {ms3, ms4}
    ]]
}
```

图 3-8　TDD 上下行时隙配置

3.2.4　频域资源

NR 的频域资源包括 RG、RE、RB、REG、CCE、RBG 等。

（1）RG：Resource Grid，PHY 层资源组，上下行分别定义(每个 Numerology 都有对应的 RG 定义)。

V3-6 5G 频域资源

时域：1 个子帧。频域：传输带宽内可用 RB 资源。

（2）RE：Resource Element，PHY 层资源的最小粒度。

时域：1 个 OFDM 符号。频域：1 个子载波。

（3）RB：Resource Block，数据信道资源分配基本调度单位，用于资源分配 type1。

频域：12 个连续子载波。

（4）RBG：Resource Block Group，数据信道资源分配基本调度单位，用于资源分配 type0，可降低控制信道开销。

频域：{2，4，8，16}个 RB。

（5）REG：Resource Element Group，控制信道资源分配基本组成单位。

时域：1 个 OFDM 符号。频域：12 个子载波(1PRB)。

（6）CCE：Control Channel Element，控制信道资源分配基本调度单位。

频域：1CCE = 6REG = 6PRB。

CCE 聚合等级：1、2、4、8、16。

Global Raster 是全局的频点栅格，用于计算 NR 小区的中心频点，5G 频点号（NR-ARFCN）计算公式如下：

$$F_{REF} = F_{REF-Offs} + \Delta F_{Global} (N_{REF} - N_{REF-Offs})$$

其中，ΔF_{Global} 为每个频点栅格的间隔，在 5G 中，频点栅格的间隔不是固定值，和具体的频段相关。详细的取值如表 3-5 所示。

表 3-5　NR-ARFCN 参数

Frequency Range (MHz)	ΔF_{Global} (kHz)	$F_{REF-Offs}$ (MHz)	$N_{REF-Offs}$	Range of NREF
0 ~ 3000	5	0	0	0~599999
3000 ~24250	15	3000	600000	600000~2016666
24250 ~ 100000	60	24250.08	2016667	2016667~3279165

Channel Raster 用于指示空口信道的频域位置，进行资源映射（RE 和 RB 的映射），即小区的实际的频点位置必须满足 Channel Raster 的映射。Channel Raster 的大小为 1 个或多个 Global Raster，与具体的频段相关。

Synchronization Raster 是同步栅格，是 5G 第一次出现的概念，其目的在于加快终端扫描 SSB 所在频率位置。UE 在开机时需要搜索 SS/PBCH block，在 UE 不知道频点的情况下，需要按照一定的步长盲检 UE 支持频段内的所有频点。由于 NR 中小区带宽非常宽，如果按照 Channel Raster 去盲检，会导致 UE 接入速度非常慢，为此，UE 专门定义了 Synchronization Raster，其中，Synchronization Raster 的搜索步长与频率有关。例如，Sub3G 频段的搜索步长是 1.2MHz，C-Band 的搜索步长是 1.44MHz，毫米波的搜索步长是 17.28MHz。以 n41 频段为例，100MHz 带宽的载波，SCS=30kHz，有 273 个 RB。如果按照 1.2MHz 扫描，1200/30=40 个 SCS，需要扫描 273×12/40≈82 次就能扫完整个载波；如果按照 15kHz 的信道栅格，则需要扫描 6552 次才能完成。采用 Synchronization Raster 显然非常有利于加快 UE 同步的速度。

全球同步栅格信道（Global Synchronization Channel Number，GSCN）是用于标记 SSB 的信道号，在实际下发的测量配置消息中，gNodeB 会将 GSCN 转换成标准的频点号下发。每一个 GSCN 对应一个 SSB 的频域位置 SSREF（SSB 的 RB10 的第 0 个子载波的起始频率），GSCN 按照频域增序进行编号。

3.2.5　BWP

BWP 的全称是 Bandwidth Part（部分带宽），是 NR 标准提出的新概念；它是网络侧给 UE 分配的一段连续的带宽资源，可实现网络侧和 UE 侧灵活传输带宽配置；每个 BWP 对应一个特定的 Numerology，是 5G UE 接入 NR 网络的必备配置。

BWP 是 UE 级的概念，不同 UE 可配置不同 BWP，UE 不需要知道 gNodeB 侧的传输带宽，只需要支持配置给 UE 的 BWP 信息。

BWP 主要有以下 3 类应用场景。

（1）场景 1：应用于小带宽 UE 接入大带宽网络。

（2）场景 2：UE 在大小 BWP 间进行切换，达到省电的效果。

（3）场景 3：不同 BWP 配置不同 Numerology，承载不同业务。

BWP 主要分为以下 4 种类型。

（1）Initial BWP：UE 初始接入阶段使用的 BWP。

（2）Dedicated BWP：UE 在 RRC 连接态配置的 BWP；协议规定，1 个 UE 最多可以通过 RRC 信令配置 4 个 Dedicated BWP。

（3）Active BWP：UE 在 RRC 连接态某一时刻激活的 BWP，是 Dedicated BWP 中的 1 个。协议规定，UE 在 RRC 连接态某一时刻只能激活 1 个配置的 Dedicated BWP 作为其当前时刻的 Active BWP。UE 只在 Active 的下行的 BWP 中接收 PDCCH、PDSCH、CSI-RS，在工作的上行的 BWP 中发送 SRS、PUCCH、PUSCH。

（4）Default BWP：UE 在 RRC 连接态时，当其 BWP Inactivity Timer 超时后 UE 所工作的 BWP，也是 Dedicated BWP 中的 1 个，通过 RRC 信令指示 UE 哪一个配置的 Dedicated BWP 为 Default BWP。

3.3　5G 信道结构

5G 的信道包括逻辑信道、传输信道、物理信道。其中，逻辑信道存在于 MAC 层和 RLC 层之间，根据传输数据的类型定义每个逻辑信道的类型；传输信道存在于 MAC 层和 PHY 层之间，根据传输数据类型和空中接口上的数据传输方法进行定义；而 PHY 层负责编码、调制、多天线处理以及从信号到合适物理时频资源的映射，基于映射关系，高层的一个传输信道可以服务 PHY 层的一个或几个物理信道。

3.3.1　逻辑信道

逻辑信道分为控制逻辑信道和业务逻辑信道。控制逻辑信道承载控制数据，如 RRC 信令；业务逻辑信道承载用户面数据。

控制逻辑信道包括以下 4 种。

（1）广播控制信道（Broadcast Control Channel，BCCH）：指 gNodeB 用来发送系统消息（System Information，SI）的下行信道。

（2）寻呼控制信道（Paging Control Channel，PCCH）：指 gNodeB 用来发送寻呼信息的下行信道。

（3）公共控制信道（Common Control Channel，CCCH）：用于建立无线资源控制（Radio Resource Control，RRC）连接。RRC 连接也被称为信令无线承载（Signaling Radio Bearer，SRB）。SRB 包括 SRB0、SRB1 和 SRB2，其中，SRB0 映射到 CCCH。

（4）专用控制信道（Dedicated Control Channel，DCCH）：提供双向信令通道，如图 3-4 所示。逻辑上讲，通常有两条激活的 DCCH，分别是 SRB1 和 SRB2。

① SRB1 适用于承载 RRC 消息，包括携带高优先级 NAS 信令的 RRC 消息。

② SRB2 适用于承载低优先级 NAS 信令的 RRC 消息。低优先级的信令在 SRB2 建立前先通过 SRB1 发送。

业务逻辑信道是专用业务信道（Dedicated Traffic Channel，DTCH）。DTCH 承载专用无线承载（Dedicated Radio Bearer，DRB）信息，即 IP 数据包。

DTCH 为双向信道，工作模式为 RLC 确认模式（Acknowledged Mode，AM）或 RLC 非确认模式（Unacknowledged Mode，UM）。

3.3.2　传输信道

传统的传输信道分为公共信道和专用信道。为了提高效率，LTE 的传输信道删除了专用信道，而由公共信道和共享信道组成。

（1）广播信道（Broadcast Channel，BCH）：固定格式的信道，每帧一个 BCH。BCH 用于承载系统消息中的主信息块（Master Information Block，MIB）。但需要注意的是，大部分的系统消息都由下行共享信道（Downlink Shared Channel，DL-SCH）来承载。

（2）寻呼信道（Paging Channel，PCH）：用于承载 PCCH，即寻呼消息。寻呼信道使用不连续接收（Discontinuous Reception，DRX）技术延长手机电池待机时间。

（3）下行共享信道：承载下行数据和信令的主要信道，支持动态调度和动态链路自适应调整。同时，该信道利用 HARQ 技术来提高系统性能。如前文所述，DL-SCH 除了承载业务之外，还承载大部分的系统消息。

（4）随机接入信道（Random Access Channel，RACH）：其承载的信息有限，需要和物理信道以及前导信息共同完成冲突解决流程。

（5）上行共享信道（Uplink Shared Channel，UL-SCH）：其与下行共享信道类似，都支持动态调度和动态链路自适应调整。动态调度由 eNodeB 控制，动态链路自适应调整通过改变调制编码方案来实现。

同时，该信道也利用 HARQ 技术来提高系统性能。

3.3.3 物理信道

PHY 层实现 MAC 层传输信道，并提供调度、格式和控制指示等功能。5G 下行物理信道包括以下 3 种。

（1）物理广播信道（Physical Broadcast Channel，PBCH）：用于承载 BCH 信息。

（2）物理下行控制信道（Physical Downlink Control Channel，PDCCH）：用于承载资源分配信息。

（3）物理下行共享信道（Physical Downlink Shared Channel，PDSCH）：用于承载 DL-SCH 信息。

5G 上行物理信道包括以下 3 种。

（1）物理随机接入信道（Physical Random Access Channel，PRACH）：用于承载随机接入前导信息。

（2）物理上行控制信道（Physical Uplink Control Channel，PUCCH）：用于承载上行控制和反馈信息，也可以承载发送给 gNodeB 的调度请求。

（3）物理上行共享信道（Physical Uplink Shared Channel，PUSCH）：主要的上行信道，用于承载上行共享传输信道（Uplink Shared Channel，UL-SCH）。该信道用于承载信令、用户数据和上行控制信息。

3.3.4 信道映射

各种承载的复用有不同的方案，即逻辑信道可以映射到一个或多个传输信道，传输信道再映射到物理信道，如图 3-9 和图 3-10 所示。

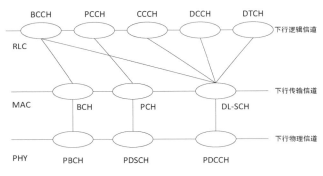

V3-7 信道映射

图 3-9 下行信道映射

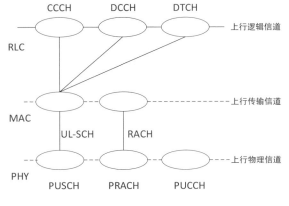

图 3-10 上行信道映射

3.4 5G 下行物理信道和信号

5G 空中接口下行的物理信道包括 PBCH、PDCCH、PDSCH，物理信号包括 PSS、SSS、CSI-RS、PT-RS。

3.4.1 SSB

NR 中 PSS/SSS 和 PBCH 组合在一起，使用 SS/PBCH Block 表示，简称 SSB，SSB 在时域上占用连续的 4 个 OFDM 符号，在频域上占用连续的 240 个子载波（20 个 RB）。SSB 的结构如图 3-11 所示。

PSS 和 SSS 占用 4 个 OFDM 符号中的符号 0 和符号 2，并且只占用 240 个子载波中的中间连续的 127 个 RE，PBCH 占用符号 1 和符号 3 的共 240 个 RE，以及符号 2 中的 0~47 和 192~239RE，剩余的全部为 0RE。PSS 和 SSS 序列长度为 127，在频域上占用 127 个 RE，在时域上各占用一个符号；UE 通过 PSS/SSS 序列可以获取 Cell ID：NR 中将 Cell ID 进行了分组，共三组，每组 336 个 Cell ID。PSS 和 SSS 用于 UE 进行下行同步，包括时钟同步、帧同步和符号同步；也可以获取 Cell ID。5G 中的 Cell ID 总共有 1008 个，是 LTE 中的 2 倍，取值为 0~1007。

PBCH 用于获取用户接入网络中的必要信息，如系统帧号（SFN）、初始 BWP 的位置和大小等信息。PBCH 占用 SSB 中的符号 1 和符号 3，以及符号 2 中的部分 RE。PBCH 的每个 RB 中包含 3 个 RE 的 DMRS 导频，为避免小区间 PBCH DMRS 干扰，3GPP 中定义了 PBCH 的 DMRS 在频域上根据 Cell ID 隔开，即 DM-RS 在 PBCH 的位置为{$0+v$，$4+v$，$8+v$，…}，v 为 PCI mod 4 的值。

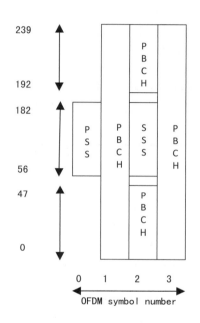

图 3-11　SSB 的结构

每个 SSB 都能够独立解码，并且 UE 解析出来一个 SSB 之后，可以获取 Cell ID、SFN、SSB Index（类似于波束 ID）等信息；Sub3G 最多可定义 4 个 SSB（TDD 系统的 2.4~6GHz 也可以配置 8 个 SSB）；Sub3G~Sub6G 最多可定义 8 个 SSB；Above 6G 最多可定义 64 个 SSB。每个 SSB 都有一个唯一的编号（SSB Index），对于低频，这个编号信息直接从 PBCH 的导频中获取；对于高频，低于 3bit 时从 PBCH 导频信号中获取，高于 3bit 时从 MIB 信息中获取；网络可以通过 SIB1 配置 SSB 的广播周期，周期支持 5ms、10ms、20ms、40ms、80ms 和 160ms。

3.4.2 物理下行控制信道

PDCCH 用于传输来自 L1/L2 的下行控制信息，主要内容有以下 3 种类型。

（1）下行调度信息（DL assignments），以便 UE 接收 PDSCH 信息。

（2）上行调度信息（UL grants），以便 UE 发送 PUSCH 信息。

（3）指示插槽格式指示符（Slot Format Indicator，SFI）、优先指示符（Pre-emption Indicator，PI）和功率控制命令等信息，辅助 UE 接收和发送数据。

PDCCH 传输的信息为下行控制信息（Downlink Control Information，DCI），不同内容的 DCI 采用不同的 RNTI 来进行 CRC 加扰；UE 通过盲检测来解调 PDCCH；一个小区可以在上行和下行同时调度多个

UE，即一个小区可以在每个时隙发送多个调度信息。每个调度信息在独立的 PDCCH 上传输，也就是说，一个小区可以在一个时隙上同时发送多个 PDCCH。小区 PDCCH 在时域上占用 1 个时隙的前几个符号，最多占用 3 个符号。图 3-12 所示为 PDCCH 示意图，其中，每个方格表示一个 RE，"X"代表 PDCCH DMRS 信号(固定占用 1 号、5 号、9 号子载波)，灰色方格代表 PDCCH。

控制信道元素（Control Channel Element，CCE）是 PDCCH 传输的最小资源单位，一个 CCE 由 6 个 REG 组成，1 个 REG 的时域宽度为 1 个符号，频域宽度为 1 个 PRB。控制信道就是由 CCE 聚合而成的。聚合等级表示一个 PDCCH 占用的连续的 CCE 个数，Rel-15

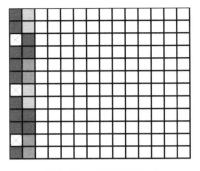

图 3-12　PDCCH 示意图

支持 CCE 聚合等级为{1,2,4,8,16}，其中，16 为 NR 新增的 CCE 级别。CCE 的聚合等级为 1 时，包含的 CCE 数量为 1，以此类推，如表 3-6 所示。gNodeB 根据信道质量等因素来确定某个 PDCCH 使用的聚合等级。

表 3-6　PDCCH 聚合等级包含的 CCE 数量

聚合等级	CCE 数量(个)
1	1
2	2
4	4
8	8
16	16

LTE 中 PDCCH 资源相对固定，频域为整个带宽，时域上为 1~3 个符号，而 5G 中的 PDCCH 时域和频域的资源都是灵活的，因此，NR 中引入了 CORESET 的概念来定义 PDCCH 的资源。CORESET 主要指示 PDCCH 占用符号数、RB 数以及时隙周期和偏置等。在频域上，COREST 包含若干个 PRB，最小为 6 个；在时域上，其包含的符号数为 1~3。每个小区可以配置多个 CORESET（0~11），其中，CORESET0 用于 RMSI 的调度，CORESET 必须包含在对应的 BWP 中。一个 CORESET 可以包含多个 CCE，1 个 CCE 包含了 6 个 REG；一个 REG 对应频域中的一个 RB、时域中的一个符号。

每个搜索空间都有一个对应的所属 CORESET，每个搜索空间在配置该空间时都需要使用盲检的 DCI 格式。UE 对 PDCCH 进行盲检时，是在对应的 CORESET 及对应的搜索空间中，针对不同的聚集级别盲检相应的 DCI。

UE 会在 non-DRX 时隙监听 PDCCH candidates 集合，该集合被称为该 UE 的搜索空间。每个用户盲检 PDCCH 的搜索空间与特定的 CORESET 进行关联，搜索空间会指示 CORESET 出现的周期和资源信息。

3.4.3　物理下行共享信道

PDSCH 用于承载多种传输信道，如 PCH 和 DL-SCH。PDSCH PHY 层处理过程如图 3-13 所示，其中包括以下 5 个重要的步骤。

（1）加扰：扰码 ID 由高层参数进行用户级配置；不配置时，默认值为 Cell ID。

（2）调制：调制编码方式表格由高层参数 mcs-Table 进行用户级配置，指示最高阶为 64QAM 或 256QAM。

（3）层映射：将码字映射到多个层上传输，单码字映射 1~4 层，双码字映射 5~8 层。

（4）预编码/加权：将多层数据映射到各发送天线上；加权方式包括基于 SRS 互易性的动态权、基于反馈的 PMI 权或开环静态权；传输模式只有一种，加权对终端透明，即 DMRS 和数据经过相同的加权。

（5）资源映射：时域资源分配由 DCI 中 Time domain resource assignment 字段指示起始符号和连续符号数；频域资源分配支持 Type0 和 Type1，由 DCI 中 Frequency domain resource assignment 字段指示。

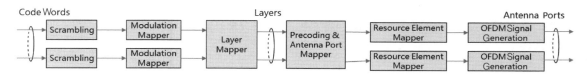

图 3-13　PDSCH PHY 层处理过程

PDSCH 采用 OFDM 符号调制方式，起始符号和结束符号都由 DCI 指示。调制方式包括 QPSK/16QAM/64QAM/256QAM，支持 LDPC 编解码。PDSCH 在时隙结构中的位置如图 3-14 所示。

和 LTE 相比，NR 中 PDSCH 最大的变化是引入了时域资源分配的概念，即一次调度的 PDSCH 资源在时域上的分配可以动态变化，粒度可以达到符号级。PDSCH 时域资源映射类型(Mapping Type)分为两种。

Type A：在一个时隙内，PDSCH 占用的符号从{0,1,2,3}符号位置开始，符号长度为 3～14 个符号(不能超过时隙边界)。这种分配方式分配的时域符号数较多，适用于大带宽场景。典型应用场景为时隙内占用符号 0～2 位的 PDCCH、占用符号 3～13 位的 PDSCH，即占满整个时隙，因此，Type A 也通常被称为基于时隙的调度。

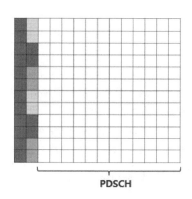

图 3-14　PDSCH 在时隙结构中的位置

Type B：在一个时隙内，PDSCH 占用的符号从{0,1,…,12}符号位置开始，但符号长度限定为{2,4,7}个符号(不能超过时隙边界)。在这种分配方式中，PDSCH 起始符号位置可以灵活配置，分配符号数量少，时延短，适用于低时延和高可靠场景，可实现 uRLLC 应用。

PDSCH 时隙内的符号资源分配，由开始符号位置 "S" 和 PDSCH 分配的符号长度 "L" 决定。针对 Type A 和 Type B，表 3-7 中定义了 S 值和 L 值的组合。

表 3-7　S 值和 L 值的组合

PDSCH Mapping Type	Normal Cyclic Prefix			Extended Cyclic Prefix		
	S	L	$S+L$	S	L	$S+L$
Type A	{0,1,2,3}	{3,…,14}	{3,…,14}	{0,1,2,3}	{3,…,12}	{3,…,12}
Type B	{0,…,12}	{2,4,7}	{2,…,14}	{0,…,10}	{2,4,6}	{2,…,12}

NR 的 PDSCH 频域资源支持基于位图（Bitmap）的分配和基于 RIV 的分配，如表 3-8 所示，而不再支持比较复杂的 LTE Type 1 型分配方式。

表 3-8　频域资源分配方式

LTE 资源分配 Type	NR 资源分类 Type	Allocation Method
Type 0	Type 0	Bitmap
Type 1	N/A	Bitmap
Type 2	Type 1	RIV($S+L$)

在 Type 0 方式中，RB 分配按照 RBG 位图指示。RBG 是一个连续 VRB 的集合，大小由 RRC 高层参数 PDSCH-Config->rbg-Size 配置和 BWP 共同决定，如表 3-9 所示。RBG 最小为 2 个 RB，最大为 16 个 RB。在此类型中，可以将多个连续的 RB 捆绑到 RBG 中，并且仅在 RBG 的倍数中分配 PDSCH/PUSCH。可以在 DCI 中指定位图，指示携带 PDSCH 或 PUSCH 数据的 RBG 号。在这种分配方式中，RBG 不要求连续。

V3-8 PDSCH 频域资源分配方式

表 3-9　RBG 的大小

BWP 大小/PRB	Configuration 1	Configuration 2
1~36	2	4
37~72	4	8
73~144	8	16
145~275	16	16

Type 1 使用了资源指示值（Resource Indication Value，RIV），即利用开始 RB 和连续 RB 长度指示资源。该方式与 LTE 类似。

两种频域资源分配方式的对比：和 Type 0 相比，Type 1 分配的频域资源比较"精确"，最小粒度能达到 RB 级，其缺点是只能分配连续的 RB 资源，不利于基于频域资源进行调度。

3.4.4　PT-RS

相位跟踪参考信号（Phase Tracking-Reference Signal，PT-RS）是 5G 新引入的参考信号，用于跟踪相位噪声的变化，主要用于高频段。

由于诸如射频器件在各种噪声（随机性白噪声、闪烁噪声）等作用下引起的系统输出信号相位的随机变化，以及接收段 SINR 恶化，造成大量误码，从而直接限制了高阶调制方式的使用，严重影响了系统容量。其对于低频段（Sub 6G）影响较小。而在高频段（Above 6G）下，由于参考时钟源的倍频次数大幅增加以及器件工艺水平和功耗等不同，相位噪声响应大幅增加，影响尤为突出。引入 PT-RS 以及相位估计补偿算法，增大了子载波间隔，减少了相位噪声带来的 ICI 和 ISI 影响，从而提升了本振器件质量，降低了相位噪声。

3.4.5　CSI-RS

在 LTE 中，由于存在 CRS（最多 4 天线端口），在空分复用层数不超过 4 层时，UE 对 CRS 进行测量并上报信道状态信息（Channel State Information，CSI）即可。LTE Rel-10 中引入了 CSI-RS 的概念，可以支持大于 4 层空分复用和大于 4 个的天线端口信道状态反馈。NR 中，由于没有 CRS，所以需要 CSI-RS 来对多天线端口信道（最多 32 个）状态进行反馈和时频域跟踪。和 CRS 相比，NR 中的 CSI-RS 开销更小，支持天线端口数更多。CSI-RS 功能和分类如表 3-10 所示。

CQI 的取值是 1~15。每个 CQI 对应一种调制方式和码率，支持 64QAM 和 256QAM，CQI 和调制方式/码率对应关系不同，高层信令配置 CQI 对应 3 张表格，分别为 64QAM、256QAM 和 uRLLC 的 CQI。

理论上，对于一个 MIMO 通信系统，如果 UE 对参考信号的测量反馈能够精确到对每个端口，每层上的复制信号都反馈相位、幅度等信息，则对信道的描述最准确，最有利于基站的预编码。但是，这样的系统无法承受如此大的用于信道反馈的负荷开销。因此，LTE 和 NR 都引入了码本（CodeBook）和预编码矩阵指示（Precoding Matrix Indicator，PMI）的概念，用于信道预编码和 UE 反馈信道描述。码本是对空间进行有限数量的分割，码本中的每个元素对应一个预编码矩阵，UE 只需要反馈预编码矩阵的索引，即可表示相关信道描述。

表 3-10　CSI-RS 功能和分类

功　能		CSI-RS 类别	描　述
信道质量测量	CSI 获取	NZP-CSI-RS（Non-Zero Power CSI-RS）	用于信道状态信息测量，UE 上报的内容包括 CQI、PMI、RI(Rank Indicator)、LI(Layer Indicator)
		CSI-I（CSI-RS Interference Measurement）	
	波束管理	NZP-CSI-RS	用于波束测量，UE 上报的内容包括 L1-RSRP、CRI(CSI-RS Resource Indicator)
	RLM/RRM 测量	NZP-CSI-RS	用于无线链路检测和无线资源管理（切换）等，UE 上报的内容包括 L1-RSRP
时频偏跟踪		TRS (Tracking RS)	用于精细化时频偏跟踪

3.5　5G 上行物理信道和信号

　　5G 上行的物理信道包括 PRACH、PUCCH、PUSCH，上行的物理信号主要是 SRS。

V3-9　随机接入前导基本格式

3.5.1　物理随机接入信道

　　随机接入过程适用于各种场景，如初始接入、切换和重建等。随机接入提供基于竞争和非竞争的接入。PRACH 传送的信号是 ZC（Zadoff-Chu）序列生成的随机接入前导，随机接入前导基本格式如图 3-15 所示。

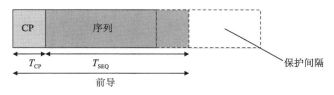

保护间隔

前导

图 3-15　随机接入前导基本格式

　　按照 Preamble 序列长度，分为长序列和短序列两类前导。每一种格式的帧都包括一个循环前缀和一个 ZC 序列。不同的覆盖场景需要选取不同格式的 PRACH 帧。例如，不同长度的 CP 可以抵消因为 UE 位置不同而引发的时延扩展效应，不同的保护间隔用于克服不同的往返时间（Round Trip Time，RTT）。长序列沿用 LTE 设计方案，共有 4 种格式，如表 3-11 所示。

表 3-11　长序列前导格式

格式	序列长度	子载波间隔	时域总长	占用带宽	最大小区半径	典型场景
0	839	1.25 kHz	1.0 ms	1.08MHz	14.5 km	常规半径
1	839	1.25 kHz	3.0 ms	1.08 MHz	100.1 km	超远覆盖
2	839	1.25 kHz	3.5 ms	1.08 MHz	21.9 km	弱覆盖
3	839	5.0 kHz	1.0 ms	4.32 MHz	14.5 km	超高速

短序列为 NR 新增格式，Rel-15 中共有 9 种格式，如表 3-12 所示，子载波间隔 Sub 6G 支持{15,30}kHz，Above 6G 支持{60,120}kHz。

表 3-12　短序列前导格式

格式	序列长度	子载波间隔	时域总长	占用带宽	最大小区半径	典型场景
A1	139	$15×2^{\mu}$	$0.14/2^{\mu}$ ms	$2.16×2^{\mu}$ MHz	$0.937/2^{\mu}$ km	Small Cell
A2	139	$15×2^{\mu}$	$0.29/2^{\mu}$ ms	$2.16×2^{\mu}$ MHz	$2.109/2^{\mu}$ km	Normal Cell
A3	139	$15×2^{\mu}$	$0.43/2^{\mu}$ ms	$2.16×2^{\mu}$ MHz	$3.515/2^{\mu}$ km	Normal Cell
B1	139	$15×2^{\mu}$	$0.14/2^{\mu}$ ms	$2.16×2^{\mu}$ MHz	$0.585/2^{\mu}$ km	Small Cell
B2	139	$15×2^{\mu}$	$0.29/2^{\mu}$ ms	$2.16×2^{\mu}$ MHz	$1.054/2^{\mu}$ km	Normal Cell
B3	139	$15×2^{\mu}$	$0.43/2^{\mu}$ ms	$2.16×2^{\mu}$ MHz	$1.757/2^{\mu}$ km	Normal Cell
B4	139	$15×2^{\mu}$	$0.86/2^{\mu}$ ms	$2.16×2^{\mu}$ MHz	$3.867/2^{\mu}$ km	Normal Cell
C0	139	$15×2^{\mu}$	$0.14/2^{\mu}$ ms	$2.16×2^{\mu}$ MHz	$5.351/2^{\mu}$ km	Normal Cell
C2	139	$15×2^{\mu}$	$0.43/2^{\mu}$ ms	$2.16×2^{\mu}$ MHz	$9.297/2^{\mu}$ km	Normal Cell

注：表中 μ=0、1、2、3。

3.5.2　物理上行共享信道

PUSCH 是承载上层传输信道的主要物理信道。和 PDSCH 不同，PUSCH 可支持 2 种波形。

（1）CP-OFDM：多载波波形，支持多流 MIMO，对应的 PHY 层处理过程如图 3-16 所示。

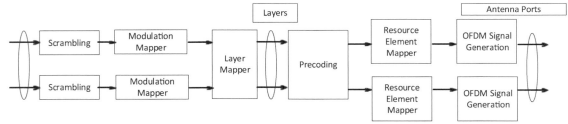

图 3-16　CP-OFDM 对应的 PHY 层处理过程

（2）DFT-s-OFDM：单载波波形，仅支持单流提升覆盖性能，对应的 PHY 层处理过程如图 3-17 所示。

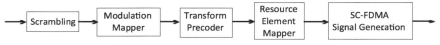

图 3-17　DFT-s-OFDM 对应的 PHY 层处理过程

和 PDSCH 类似，PUSCH 支持时域资源分配，使用 SLIV 表示 PUSCH 时域资源，起始符号为 S、分配的符号长度为 L。PUSCH Mapping Type 也支持 Type A 和 Type B，表 3-13 中定义了 S 值和 L 值的组合。

表 3-13　S 值和 L 值的组合

PUSCH Mapping Type	Normal Cyclic Prefix			Extended Cyclic Prefix		
	S	L	$S+L$	S	L	$S+L$
Type A	0	$\{4,\cdots,14\}$	$\{4,\cdots,14\}$	0	$\{4,\cdots,12\}$	$\{4,\cdots,12\}$
Type B	$\{0,\cdots,13\}$	$\{1,\cdots,14\}$	$\{1,\cdots,14\}$	$\{0,\cdots,12\}$	$\{1,\cdots,12\}$	$\{1,\cdots,12\}$

PUSCH 频域资源分配支持 Type 0 和 Type 1，此处与 PDSCH 类似。和 PDSCH 不同的是，PUSCH 支持预配置的上行调度 ConfiguredGrantConfig，类似 LTE 中的半静态调度。

3.5.3　物理上行控制信道

PUCCH 承载上行控制信息（Uplink Control Information，UCI）。和 LTE 类似，NR 中的 PUCCH 用来发送 UCI 以支持上下行数据传输。UCI 可以携带的信息包括以下 3 种。

（1）SR：Scheduling Request，用于上行 UL-SCH 资源请求。

（2）HARQ ACK/NACK：用于 PDSCH 上发送数据的 HARQ 确认。

（3）CSI：信道状态信息反馈，包括 CQI、PMI、RI、LI。

与下行控制信息相比，UCI 内携带的信息内容较少(只需要告诉 gNodeB 不知道的信息)；DCI 只能在 PDCCH 中传输，UCI 可在 PUCCH 或 PUSCH 中传输。

NR 中支持 5 种格式的 PUCCH，根据 PUCCH 占用时域符号长度的不同分为以下 2 种。

（1）短 PUCCH：1 或 2 个符号，PUCCH format 0、PUCCH format 1。

（2）长 PUCCH：4 ~ 14 个符号，PUCCH format 1、PUCCH format 3、PUCCH format 4。

和 LTE 相比，5G 的 PUCCH 增加了 Short PUCCH 格式（1 或 2 个符号），可用于短时延场景下的快速反馈。Long PUCCH 符号数进行了增强（4~14 个符号），支持不同时隙格式下的 PUCCH 传输，3GPP Rel-15 不支持同一用户 PUCCH 和 PUSCH 并发，如 UCI 和 UL Data 同时出现，UCI 在 PUSCH 中传输。

格式 0 和格式 1 只能传输 2bit 以下的数据，因此只能用于 SR 和 HARQ 反馈，支持 SR 和 HARQ 的循环位移复用。格式 2~格式 4 所携带的 bit 数比较多，因此主要用于 CSI 的上报，包括 CQI、PMI、RI、CRI 等,但也可以用于 SR 和 HARQ 的上报。同一小区的多个 UE 可以共享同一个 RB Pair 来发送各自的 PUCCH，可采用循环移位（Cyclic Shift）或正交序列来实现，其中，格式 2 和格式 3 不支持复用，其余支持时域或者频域的复用。

3.5.4　探测参考信号

探测参考信号（Sounding Reference Signal，SRS）主要用于上行信道质量的估计，从而用于上行调度、时间提前量（Timing Advance，TA）、上行波束管理。在时分双工（Time Division Duplex，TDD）上下行信道互易情况下，SRS 利用信道对称性，估计下行信道质量，如下行 MIMO 中的权值计算。

SRS 资源有两级，最高一层是资源集（Resource Set），最小一层是资源（Resource）；UE 可以配置 1 个或者多个 SRS 资源集（Resource Set），每个资源集中的 SRS 资源和 UE 能力有关，一个资源集可以包含 1 个或者多个 SRS Resource ID。SRS 资源配置通过 RRC 信令 SRS-Config 发给 UE，UE 收到后，周期 SRS 会在资源对应的时频资源上发送 SRS，非周期 SRS 资源则需要由调度决定，通过 DCI 来指示发送 SRS。

本章小结

本章首先介绍了 5G 无线空中接口协议栈各个层的相关功能，包括 RRC 层、SDAP 层、PDCP 层、RLC 层、MAC 层、PHY 层；其次，讲解了 5G 空中接口的基础参数 Numerology、帧结构、时隙格式、BWP 等概念；最后，重点讲解了 5G 的上下行物理信道和物理信号的功能及其在时频域上的位置，物理信道包括 PDSCH、PDCCH、PBCH、PUSCH、PUCCH、PRACH，物理信号包括 PSS、SSS、CSI-RS、PT-RS、

SRS 等。

通过本章的学习，读者应该对 5G 空中接口有一定的了解，能够充分理解空中接口的协议栈，掌握空中接口的帧结构和时隙配比，熟悉上下行各个物理信道的作用及其在时频域上的位置。

 课后练习

1. 选择题

（1）对于 5G NR 来说，一个无线帧占用的时间为（　　　）。

  A. 1ms   B. 5ms

  C. 10ms   D. 不是固定的，和子载波带宽有关

（2）5G 的 1 个 CCE 包含了（　　　）个 RE。

  A. 72   B. 6   C. 36   D. 16

（3）以下信息不会由 PDCCH 传送的是（　　　）。

  A. PDSCH 的资源指示   B. PUSCH 的资源指示

  C. PDSCH 编码调制方式   D. PMI

（4）NR 3GPP Rel-15 序列长度为 139 的 PRACH 格式一共有（　　　）种。

  A. 4   B. 6   C. 8   D. 9

（5）以下信号在 NR 中主要用于相位跟踪和补偿的是（　　　）。

  A. CRS-RS   B. PT-RS   C. DMRS   D. SRS

（6）在 Above 6G 频段里，5G 的 SSB 最大波束数量是（　　　）个。

  A. 4   B. 8   C. 32   D. 64

（7）在 5G 空中接口协议栈中，PDCP 层的功能不包括（　　　）。

  A. 加解密和完整性保护   B. 路由和复制

  C. 重排序   D. 分段重组

2. 简答题

（1）简述 RB、RE、CCE 的定义，以及其在物理信道上的应用。

（2）PDCCH 的搜索空间有哪几种？请简述其作用。

（3）简述 5G 中 PSS 的作用。

（4）简述 LTE 系统中 MIMO 的作用。

Chapter

4

第 4 章
MIMO 功能和原理

MIMO 技术是指在基站覆盖区域内配置并集中放置大规模的天线阵列，同时服务分布在基站覆盖区内的多个用户。在同一时频资源上，利用基站大规模天线的空间自由度，可以提升多用户空分复用能力、波束赋形能力，以及抑制干扰能力，从而大幅提高系统频谱资源的整体利用率。

本章主要讲解多天线技术的基本原理、波束赋形的过程，以及 SU-MIMO 和 MU-MIMO 的增益原理。

课堂学习目标

- 掌握 MIMO 的原理
- 了解 SU-MIMO 及 MU-MIMO 的增益原理
- 掌握波束赋形流程

4.1　MIMO 功能

无线通信的迅速发展对系统的容量和频谱效率提出了越来越高的要求。为此，各种提高系统容量和频谱效率的技术应运而生，常见的方法有扩展系统带宽、提高信号调制阶数等。然而，扩展带宽一般仅能提升系统的容量，并不能有效提升频谱效率，而提高信号调制阶数虽然可以提升频谱效率，但由于调制阶数一般很难成倍提升，所以提升频谱效率的能力也是很有限的。

多输入/多输出（Multiple Input Multiple Output，MIMO）是一种成倍提升系统频谱效率的技术，是对单发单收（Single Input Single Output，SISO）的扩展。它泛指在发送端或接收端采用多根天线，并辅助一定的发送端和接收端信号处理技术完成通信。

如图 4-1 所示，一般称其为 $M \times N$ 的 MIMO 系统，其中，M 表示发射天线数，N 表示接收天线数。广义上讲，单发多收（Single Input Multiple Output，SIMO）、多发单收（Multiple Input Single Output，MISO）也属于 MIMO 的范畴。此外，波束赋形（Beam Forming，BF）也属于 MIMO 的范畴。

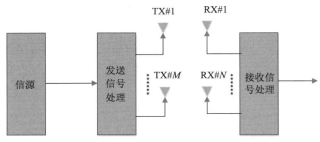

图 4-1　MIMO 原理图

MIMO 技术能够通过信号处理技术提高无线链路传输的可靠性和信号质量，不仅可以提升系统容量和覆盖，还可以带来更高的用户速率和更优质的用户体验。

Massive MIMO 是多天线技术演进的一种高端形态，是 5G 网络的一项关键技术。Massive MIMO 站点的天线数显著提升，目前已可以做到 64 个收发通道，且天线与射频单元一起集成为有源天线处理单元。

相对于传统多天线技术，通过大规模天线阵列对信号进行联合接收解调或发送处理，Massive MIMO 可以大幅提升单用户链路性能和多用户空分复用能力，从而显著增强了系统链路质量和传输速率。

Massive MIMO 应用场景如下。

（1）热点区域：密集城区、中心商业区、广场、体育馆等。在这些区域中，用户密集，需要支持大量在线用户，上下行容量需求极高。Massive MIMO 特性能够有效抑制干扰，支持多层配对的 MU-BF 和 MU-MIMO，从而显著提升小区吞吐率，解决热点区域容量诉求。

（2）高楼覆盖：该场景下，用户垂直分布于不同楼层，普通站点的垂直覆盖范围较窄，难以覆盖多个楼层。Massive MIMO 站点支持三维波束调整，增强了垂直维度广播波束的覆盖能力，从而可以覆盖更多楼层的用户。

（3）深度覆盖：该场景下，通过室外站点对室内进行覆盖，通常有建筑物阻挡，由于穿透损耗等原因，导致用户信号较弱、体验较差。Massive MIMO 特性的上行多天线接收分集和下行波束赋形能够有效对抗传播与穿透损耗，从而提升了链路质量和用户的体验速率。

表 4-1 分别在性能、传输模式、波束赋形能力以及波束管理等方面对 4G MIMO、4G Massive MIMO 以及 5G Massive MIMO 进行了对比（某些厂家当前 Massive MIMO 可以支持 64 收发通道）。

表 4-1　4G MIMO、4G Massive MIMO 以及 5G Massive MIMO 的对比

类型	天线数量	传输模式定义	波束赋形能力	波束赋形的信道	波束管理能力
4G MIMO	2/4/8	定义了开环、闭环、分集、复用、波束赋形等不同的传输模式	8 天线支持水平波束赋形，赋形增益低	只有 PDSCH 支持波束赋形	不支持波束管理
4G Massive MIMO	64	和 4G MIMO 一样	支持三维波束赋形，赋形增益高	只有 PDSCH 支持波束赋形	不支持波束管理
5G Massive MIMO	16/32/64	未定义传输模式，所有信道都采用波束赋形	支持三维波束赋形，赋形增益高	所有下行信道/信号均支持波束赋形，波束分为静态波束和动态波束两类	支持波束管理

4.2　MIMO 原理

　　对于 5G TDD 系统，MIMO 大幅提升了天线数目，即从 LTE 时期主流为 2T2R/4T4R 提升到 5G 时代主流为 32T32R/64T64R 的 Massive MIMO。对于 5G FDD 系统，当前只支持 2T2R、2T4R 和 4T4R 的 MIMO。MIMO 通过综合使用以下几种信号处理技术可以获得接收分集、波束赋形、空间复用等增益，提升系统容量和频谱效率。

4.2.1　下行波束赋形

1．波束赋形原理

　　发射信号经过加权后，形成了指向 UE 或特定方向的窄波束，这就是波束赋形。波束赋形能够精准地指向 UE，提升覆盖性能，如图 4-2 所示。

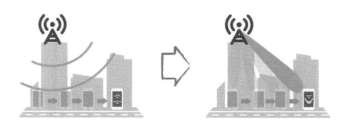

图 4-2　波束赋形原理示意图

波束指电磁波能量的方向，波束的形态如图 4-3 和图 4-4 所示。

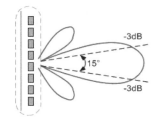

图 4-3　波束的形态（垂直面方向）

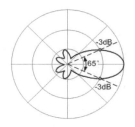

图 4-4　波束的形态（水平面方向）

波束的每个主平面内都有 2 个或多个瓣，其中，辐射强度最大的瓣称为主瓣，其余的瓣称为副瓣或旁瓣。将主瓣最大辐射方向两侧，辐射强度降低 3dB、功率密度降低一半的两点间的夹角定义为波瓣宽度（又称波束宽度）。其中，波束的特点如下。

（1）波束越宽，其覆盖的方向角越大，能量越分散。

（2）波束越窄，天线的方向性越好，能量越集中。

波束赋形利用信道信息对发射信号进行加权预编码，以获得阵列增益。理论上，1×N 的 SIMO 系统和 M×1 的 MISO 系统相对于 SISO 可获得的阵列增益分别为 10lg(N)dB 和 10lg(M)dB。阵列增益可以提高接收端的 SINR，从而提升信号接收质量，如图 4-5 所示。

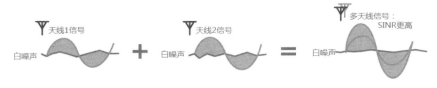

图 4-5　阵列增益示意图

2. 波束赋形流程

波束赋形的总体流程如图 4-6 所示。

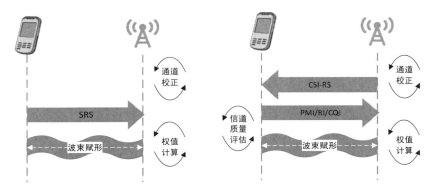

图 4-6　波束赋形的总体流程（使用 SRS 权或 PMI 权）

（1）通道校正。

5G TDD 系统不同于 FDD-LTE 系统（上下行使用不同频率），而是类似于 TDD-LTE 系统，上下行频率相同，因此可以依据上行信道信息估计下行信道。但如果上下行信道幅度和相位不一致，则会影响下行信道权值的计算准确度。射频收发通道之间存在幅度和相位差，而且不同的收发通道的幅度和相位差也不同，所以上下行信道并不是严格互易的，需要使用通道校正技术来保证射频收发通道幅度和相位的一致性，其具体流程如下。

V4-1　波束赋形过程

① 使用通道校正算法，计算信号经过各个发射通道和接收通道后产生的相位和幅度变化。

② 依据计算结果进行补偿，使每组收发通道都满足互易性条件。

（2）权值计算。

权值计算是指 gNodeB 基于下行信道特征计算出一个向量，用于改变波束形状和方向。权值计算的关键输入是获取下行信道特征，有两种不同的获取下行信道特征的方法，即 PMI 权和 SRS 权，如图 4-6 所示。gNodeB 自适应地选择采用 SRS 权或 PMI 权,某些场景下选择 SRS 权值,某些场景下选择 PMI 权值。

（3）加权。

加权是指 gNodeB 计算出权值后,将权值与待发射的数据(数据流和解调信号 DM-RS)进行矢量相加,以达到调整波束的宽度和方向的目的。加权的具体过程如下。

假设天线通道序列为 i,信道输入信号为 $x(i)$,通过信道 H 时引入的噪声为 N,信道输出时信号为 $y(i)$,则可得到 $y(i)=Hx(i)+N$。

加权就是对信号 $x(i)$ 乘以一个复向量 $w(i)$(即权值),达到改变输出信号 $y(i)$ 的幅度和相位的目的,则可得到 $y(i)=Hw(i)x(i)+N$。

如图 4-7 所示,对于信道输入的一组信号 X,通过信道 H 时,对每个信号 $x(i)$ 都用不同的向量 $w(i)$ 进行加权,即可以使输出的一组叠加后的信号 Y 呈现出一定的方向性。

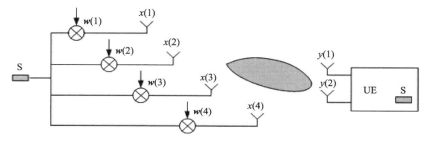

图 4-7　加权(以 4 天线为例)

（4）波束赋形。

波束赋形应用了干涉原理,如图 4-8 所示。图中弧线表示载波的波峰,波峰与波峰相遇的位置叠加增强,波峰与波谷相遇的位置叠加减弱。

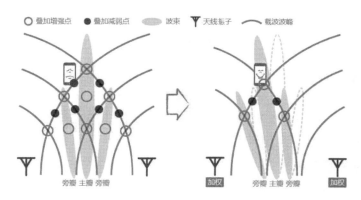

图 4-8　干涉原理示意图

① 未使用 BF 时,波束形状、能量强弱位置是固定的,对于叠加减弱点用户,如果其处于小区边缘,则信号强度低。

② 使用 BF 后,通过对信号加权,调整各天线阵子的发射功率和相位,改变波束形状,使主瓣对准用户,信号强度得到了提高。

基于 SRS 加权获得的波束一般称为动态波束,而控制信道和广播信道则采用预定义的权值生成静态波束。

4.2.2 上行接收分集

1. 接收分集原理

对于 $M×N$ 的 MIMO 系统，假设每对发射天线和接收天线之间的信道独立，并假设每根天线发射的信号相同，则理论上相对 SISO 可以获得的分集阶数是 $M×N$，$M×N$ 表示发射天线数和接收天线数的乘积。

分集阶数是空间信道容错能力的一个理论表征，可理解为 $M×N$ 的 MIMO 系统提供的理论上的系统容错能力为 SISO 系统的 $M×N$ 倍，换句话说，相同条件下，$M×N$ 的 MIMO 系统的收发信号错误概率为 SISO 系统的 $1/(M×N)$。分集增益来源于空间信道理论上的分集阶数。

2. 上行接收分集流程

上行分集接收是指 gNodeB 可以通过多个天线接收 UE 的发射信号，通过空间分集和相干接收来增强信号接收效果。其基本过程如下。

（1）gNodeB 通过多个天线接收 UE 发射的 SRS 信号并估计上行信道特征，再通过下行控制消息(Downlink Control Information，DCI）告知 UE 最佳的 PMI/RANK 值。

（2）UE 以最佳的 PMI 对 PUSCH 数据进行预编码发射。

（3）gNodeB 通过多天线进行 PUSCH 数据的分集接收，提升接收信噪比和稳定性、增加上行用户吞吐率。

3. 分集增益

利用多天线的空间分集和相干接收（获得分集增益），接收分集可以提高接收端信噪比的稳定性，如图 4-9 所示。接收信号在深衰落信道更加稳定，信噪比理论上可以提升 $10\lg(N)$，N 为基站接收天线数或波束数目。

图 4-9 分集增益示意图

4.3 SU-MIMO 原理

通过多天线技术支持单用户在上下行数据传输时空分复用空中接口的时频资源，使得单用户在上下行可以同时支持多流的数据传输，提升单用户的峰值速率体验。

4.3.1 单用户下行多流

通过多天线技术支持单用户在下行同时支持多流数据传输。

如图 4-10 所示，目前在某些厂家支持 gNodeB 64T64R 的情况下，2T4R 的 UE 下行最大可同时支持 4 流的数据传输。

图 4-10 单用户下行多流示例

V4-2 单用户下行多流原理

单用户最大下行数据流数取决于以下因素。

（1）gNodeB 发射天线数和 UE 接收天线数中的相对较小值。

（2）下行小区最大流数限制。

（3）协议约定：单用户下行最多可同时支持 8 流的数据传输。

例如，目前某些厂家不同规格的 gNodeB 和 UE 下行最大可同时支持的数据传输流数如表 4-2 所示。

表 4-2　不同规格的 gNodeB 和 UE 下行最大可同时支持的数据传输流数

gNodeB	UE	下行最大可同时支持的数据传输流数
64T64R	2T4R	4
32T32R	2T4R	4
8T8R	2T4R	4
4T4R	2T4R	4
2T2R	2T4R	2

4.3.2　单用户上行多流

通过多天线技术支持单用户在上行同时支持多流数据传输。如图 4-11 所示，在 gNodeB 64T64R 的情况下，2T4R 的 UE 上行最大可同时支持 2 流的数据传输。

单用户最大上行数据流数取决于如下因素。

（1）gNodeB 接收天线数和 UE 发射天线数中的相对较小值。

（2）上行小区最大流数限制。

（3）协议约定：单用户上行最多可同时支持 4 流的数据传输。

图 4-11　单用户上行多流示例

例如，目前某些厂家不同规格的 gNodeB 和 UE 上行最大可同时支持的数据传输流数如表 4-3 所示。

表 4-3　不同规格的 gNodeB 和 UE 上行最大可同时支持的数据传输流数

gNodeB	UE	上行可同时支持的数据传输最大流数
64T64R	2T4R	2
32T32R	2T4R	2
8T8R	2T4R	2
4T4R	2T4R	2
2T2R	2T4R	2

4.4　**MU-MIMO** 原理

MU-MIMO 是指多个用户在上下行数据传输时空分复用 OFDM 时频资源，从而提升系统的上下行容量和频谱效率。其中，对多个用户的选择过程称为配对。当前某厂家的 MU-MIMO 特性支持对 PDSCH、PDCCH、PUSCH 的 MU 空分复用。用户配对时会参考以下 2 个原则。

（1）当 UE 的 SINR 较高且 UE 间的信道相关性较小时，UE 间的干扰能够被很好地消除，适合进行 MU-MIMO 配对。此时，MU-MIMO 可以充分地利用良好的信道条件为小区增加额外系统容量。

（2）当 UE 的 SINR 较低或者 UE 间的信道相关性较强时，UE 间的干扰无法很好地被消除，MU-MIMO 反而可能导致系统的吞吐量下降。此时，gNodeB 会避免选择信道相关性较强或者 SINR 较低的用户参与配对。

4.4.1 下行 MU 空分复用

1. 下行 MU 空分复用（PDSCH）

V4-3 下行多用户 MIMO 原理

PDSCH 的下行 MU 空分复用是指 gNodeB 在同一份 PDSCH 资源上给 2 个或多个 UE 发送数据，获得空间复用增益，如图 4-12 所示。此方法可以提高频谱利用率，在一定程度上提高下行吞吐量，特别是在重载场景下，能够有效缓解网络负载，提高用户体验。

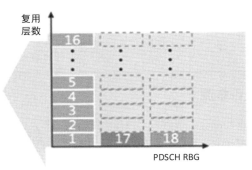

图 4-12　下行 MU 空分复用（PDSCH）

目前，某些厂家支持的 gNodeB 和下行 MU 空分复用 PDSCH 最大流数如表 4-4 所示。

表 4-4　gNodeB 和下行 MU 空分复用 PDSCH 最大流数

gNodeB	下行 MU 空分复用 PDSCH 最大流数
64T64R	16
32T32R	16
8T8R	4

2. 下行 MU 空分复用（PDCCH）

PDCCH 的 MU 空分复用是指通过发送波束间的隔离度来区分用户，使得不同用户能够复用 CCE 资源，从而提升了 PDCCH 容量，用以支撑更多用户调度。PDCCH 的 SU 空分复用与 MU 空分复用的对比如图 4-13 所示。

图 4-13　PDCCH 的 SU 空分复用与 MU 空分复用的对比

仅 gNodeB（64T64R 和 32T32R）支持 PDCCH MU 空分复用，gNodeB（8T8R）不支持此功能。
目前，某些厂家支持的 gNodeB 和下行 MU 空分复用 PDCCH 最大流数如表 4-5 所示。

表 4-5　gNodeB 和下行 MU 空分复用 PDCCH 最大流数

gNodeB	下行 MU 空分复用 PDCCH 最大流数
64T64R	4
32T32R	4

4.4.2　上行 MU 空分复用

PUSCH 的上行 MU 空分复用（PUSCH）是指 2 个或多个 UE 在同一份 PUSCH 资源上给 gNodeB 发送数据，用以获得空间复用增益，如图 4-14 所示。此方法可以提高频谱利用率，在一定程度上提高了上行吞吐量，特别是重载场景下，能够有效缓解网络负载，提高用户体验速率。

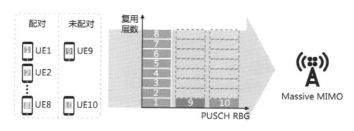

图 4-14　上行 MU 空分复用

目前，某些厂家支持的 gNodeB 和上行 MU 空分复用 PUSCH 最大流数如表 4-6 所示。

表 4-6　gNodeB 和上行 MU 空分复用 PUSCH 最大流数

gNodeB	上行 MU 空分复用 PUSCH 最大流数
64T64R	8
32T32R	8
8T8R	4

 本章小结

本章首先介绍了 MIMO 的基本功能以及 Massive MIMO 的应用场景；其次，讲解了下行波束赋形的流程和上行接收分集的作用，描述了单用户 MIMO 的基本原理、作用及现网的配置；最后，讲解了多用户 MIMO 的实现过程。

通过本章的学习，读者应该对 MIMO 实现机制有一定的了解，能够充分理解 Massive MIMO 在 5G 空中接口中的具体作用和实现过程。

 **课后练习**

1. 选择题

（1）MU MIMO 适合在以下（　　　　）场景中使用。

    A. 负载较重，容量需求较大   B. 负载较轻，容量需求低

    C. 高速移动   D. 超远小区覆盖

（2）（多选题）MU MIMO 包含（   ）功能点。

    A. 下行 PDSCH 空分复用   B. 下行 PDCCH 空分复用

    C. 上行 PUSCH 空分复用   D. 上行 PUCCH 空分复用

（3）同样的手机，以下技术中可以大幅度提升单用户的峰值速率的是（   ）。

    A. 接收分集   B. MU-MIMO   C. SU-MIMO   D. 波束赋形

（4）4T8R 的 UE 下行最大可同时支持（   ）流的数据传输。

    A. 2   B. 4   C. 8   D. 16

（5）Massive MIMO 不适合在以下（   ）场景中部署。

    A. 核心 CBD   B. 高层酒店   C. 大型居民区   D. 地铁隧道

2. 简答题

（1）MIMO 下行波束赋形包含哪些步骤？

（2）MIMO 上行多天线接收时能获得什么增益？

Communication

Chapter

5

第 5 章
5G 功率控制与上下行解耦

5G 的功率控制可以有效地降低发射功率，从而减小网络中的干扰。而上下行解耦是解决 5G 上行覆盖不足的一种非常好的措施。

本章主要介绍功率控制在 5G 中的作用、5G 上下行功率控制的原则及实现原理、上下行解耦的实现原理和相关技术。

课堂学习目标

- 掌握 5G 功率控制的原理

- 了解 5G 上下行解耦引入背景

- 掌握 5G 上下行解耦的原理及流程

5.1 5G 功率控制基本原理

无线信号在空中接口传播时根据传播距离的不同会有不同的链路损耗。距离越大，则损耗越大。对于接收机而言，为了满足信号的接收及解调，其要求的接收电平是一定的。因此，当手机和基站的距离不同时，其上下行的发射功率也是不一样的，距离越远，发射功率越大；反之，距离越近，发射功率越小。在无线通信系统中，需要通过相应的流程改变发射机的发射功率，使接收机的功率满足业务要求，此过程就称为功率控制，其目的是补偿不同距离下的链路损耗，使得接收机的接收电平维持在一个稳定的水平，如图 5-1 所示。

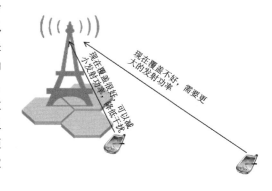

图 5-1 功率控制解决远近效应

功率控制根据链路的方向可以分为上行功率控制和下行功率控制。上行功率控制是指改变 UE 的发射功率；下行功率控制是指改变基站的发射功率。

功率控制算法属于无线通信系统中的一个基本功能，无线网络在 2G 时代就引入了功率控制功能，在 3G、4G 和 5G 网络中也保留了该功能。在 2G 和 3G 网络中，功率控制包含上行功率控制和下行功率控制；但从 4G 开始，功率控制只有上行功率控制，而没有下行功率控制；5G 的功率控制算法基本上沿用了 4G 的设计，也只支持上行功率控制。4G 和 5G 没有下行功率控制，其主要原因是，从 4G 开始，整个网络只有分组业务，为了满足分组业务的特点，无线空中接口不再使用专用的业务信道，每个用户的资源都是通过调度的方式进行共享的；通过调度机制，可以改变每个用户的频率资源，从而间接改变每个用户的下行功率，达到和功率控制同样的效果，因此下行功率控制的必要性不是太大。但在上行，4G 和 5G 仍然保留了功率算法，因为上行功率控制是针对每个 UE 进行调整的，通过功率控制可以更好地满足上行业务要求，降低上行干扰。

5.2 5G 下行功率分配

前文提到协议中没有定义下行功率控制算法，因此在下行采用的是固定的功率配置原则，即针对不同的下行物理信道和物理信号分别配置下行的功率。在协议中，下行功率配置是针对每个 RE 进行配置的。前面在空中接口中已经学习了下行信道的时频位置，从信道的分布可以知道在不同的时隙上可能会存在一个或多个不同的信道和信号。3GPP 规范中并没有明确不同的信道和信号功率配置的关系，具体如何配置由厂家设备自行实现，一般情况下，需要满足以下 2 个原则。

（1）尽可能使下行各个信道的覆盖范围保持一致，满足下行覆盖平衡的要求。因为不同信道要求的接收门限可能不同，所以需要考虑到这个因素并设置不同信道的发送功率。

（2）由于每个符号上存在的信道或者信号可能不同，在配置下行功率时，需要尽量保证每个符号上最大的发射功率是相同的，以最大化利用下行功率。

按照信道或信号的类型划分，下行功率控制可分为以下 4 种。

（1）PBCH 下行功率控制。

（2）SS 下行功率控制。

（3）PDCCH 下行功率控制。

（4）TRS 下行功率控制。

（5）PDSCH 下行功率控制。

按照功率控制的方式，下行功率控制可分为以下 2 种。

（1）静态功率控制：根据各个信道或信号的覆盖能力，进行功率偏置参数配置，从而调整发射功率。

（2）动态功率控制：根据各个信道或信号的实际传输情况和 UE 反馈信息，自适应地调整发射功率。

其中，静态功率控制 PBCH、SS、PDCCH 和 TRS 均支持；而动态功率控制仅 PDCCH 和 PDSCH 支持。下行信道或信号的静态功率控制均通过在小区基准功率（ReferencePwr）上设置功率偏置的方式来实现，区别仅在于各信道或信号的功率偏置所涉及的配置参数有差异。

ReferencePwr（dBm）的计算方法如下。

$$ReferencePwr = MaxTransmitPower - 10 \times lg(RB_{Cell} \times 12)$$

（1）MaxTransmitPower 指每个通道的最大发送功率，单位为 dBm。

（2）RB_{Cell} 指小区总带宽对应的 RB 个数，每个 RB 包含 12 个 RE。

V5-1 小区基准功率
计算

例如，假设每个通道的最大发送功率 MaxTransmitPower 为 30.9dBm，小区 100Mbit/s 带宽对应 RB_{Cell} 为 273，则 $ReferencePwr=MaxTransmitPower-10 \times lg$（ $RB_{Cell} \times 12$ ）=-4.25dBm。

功率偏置最大值通过参数进行配置，不同厂家配置的参数不同，以下所示为某一厂家对参数的配置情况。

（1）对于 PBCH 和 SS 信道，通过参数 NRDUCellTrpBeam.MaxSsbPwrOffset 进行配置。

（2）对于 PDCCH，通过参数 NRDUCellChnPwr.MaxCommonDciPwrOffset 进行配置。

（3）对于 TRS 信号，通过参数 NRDUCellChnPwr.TrsPwrOffset 进行配置。

根据小区基准功率和功率偏置，可计算出下行信道或信号的每 RE 上的功率为

$$ReferencePwr + MaxCommonDciPwrOffset + 10 \times lg(RFchannelNum)$$

其中，RFchannelNum 表示射频物理发射通道的个数。

PDCCH 动态功率控制基于 PDCCH 的误块率（Block Error Rate，BLER）目标值自适应地调整远点用户专有 PDCCH 的发射功率。其中，PDCCH 的 BLER 目标值是通过参数 NRDUCellPdcch.PdcchBlerTarget 进行配置的。

PDSCH 动态功率控制基于 PDSCH 的调制与编码策略（Modulation and Coding Scheme，MCS）或者调度后的剩余功率自适应地调整用户发射功率谱密度。其中，PDSCH 的功率谱密度调整量是通过参数 NRDUCellChnPwr.MaxPdschConvPwrOffset 进行配置的。

5.3 5G 上行功率控制

5G 上行功率控制是针对每个 UE 的不同信道分别进行调整的，不同信道的算法略有不同。在 3GPP 规范中，可以进行上行功率控制的信道/信号及功率控制方式如表 5-1 所示。

表 5-1 上行功率控制的信道/信号及功率控制方式

信道/信号	功率控制方式
物理随机接入信道（PRACH）	开环功率控制
物理控制信道（PUCCH）	开环功率控制+闭环功率控制
物理共享信道（PUSCH）	开环功率控制+闭环功率控制
探测参考信号（SRS）	开环功率控制+闭环功率控制

从表 5-1 可以看出，5G 上行功率控制涵盖了上行的所有的信道及探测参考信号。与 4G 类似，5G 的上行功率控制包括开环功率控制和闭环功率控制两种。顾名思义，开环功率控制是指在功率控制过程中，基站没有任何的反馈，所有的控制由 UE 自行完成；而在闭环功率控制场景下，基站需要下发相应的功率控制命令指示 UE 改变上行功率。

5.3.1 PRACH 功率控制

下面先介绍 PRACH 的功率控制原理。在第 3 章中已经学习过 PRACH 的作用，此信道是 UE 初始接入过程中使用到的第一个上行信道，所以 PRACH 的功率调整只能是 UE 根据相关参数自行调整，此方式称为开环功率控制。PRACH 功率控制的主要流程如图 5-2 所示。

V5-2 PRACH 功率控制

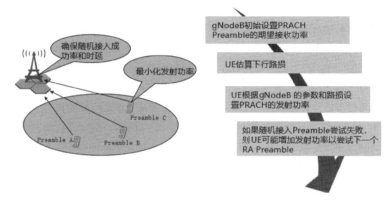

图 5-2　PRACH 功率控制的主要流程

PRACH 功率控制的主要流程可以概括为以下几步。

（1）UE 根据系统消息获得相关的参数，包括期望接收功率、基站发射功率、功率抬升、前导码最大次数等。

（2）UE 计算传播的路径损耗，计算方法会在本章后面进行介绍。

（3）UE 根据上行期望功率和路径损耗，计算第一个前导码的功率，并用当前功率发送前导码。

（4）如果前导码功率不足，导致无响应，则 UE 会根据相关的功率控制参数自行提升发射功率再次发送前导码，功率提升的量以及前导码的重发次数均由系统参数控制。

在 3GPP 规范中，通过公式来定义功率控制的过程，PRACH 的功率控制公式如下。

$$P_{\text{PRACH}} = \min\{P_{\text{CMAX}}, P_{\text{o\_pre}} + \text{PL} + \Delta_{\text{Preamble}} + (N_{\text{pre}} - 1) \times \Delta_{\text{step}}\}$$

其中，UE 自行计算当前前导的发射功率，但最大功率不允许超过自身的最大发射功率。

公式中相关参数的意义如下。

（1）P_{CMAX}：UE 最大的发射功率，和 UE 功率等级相关，大部分 5G 手机的最大功率为 26dBm。

（2）$P_{\text{o\_pre}}$：基站期望接收功率，指基站为了满足接收性能期望的接收功率，和基站设备的性能相关，该参数会由基站通过系统广播消息传递给 UE。

（3）PL：UE 估计的下行路径损耗值，通过下行信道的 RSRP 测量值和 SSB（Synchronization Signal Block）发射功率获得。

（4）Δ_{Preamble}：由于 PRACH 有多种格式，不同格式对应的期望功率要求可能不同，因此可以通过该参数下发相应的偏置。该参数通过广播消息下发，如果未下发，则默认按 0 计算。

（5）N_{pre}：表示该 UE 发送前导的次数，其不能超过最大前导发送次数，该参数通过广播消息下发。

（6）Δ_{step}：表示前导功率攀升步长，该参数通过广播消息下发。

5.3.2　PUCCH 功率控制

在业务的持续过程中，gNodeB 会跟踪大尺度衰落（如路径损耗、阴影衰落），并周期性地采用闭环功率控制动态调整发射功率，以满足信道质量的要求。

PUCCH 功率控制过程可以通过以下公式进行描述。

$$P_{PUCCH}(i) = \min(P_{CMAX}, 10 \times \lg(2^{\mu} \times M_{PUCCH}(i)) + P_{o\_PUCCH} + PL + h(n_{CQI}, n_{HARQ}) + \Delta_{F\_PUCCH}(F) + g(i))$$

该公式的意义和 PRACH 功率控制基本类似，区别是 PUCCH 的功率控制包含了开环和闭环 2 部分。公式中，前面 5 项之和即是开环部分的功率控制，由 UE 根据相关参数自行计算；最后一项 $g(i)$ 是基站发送的功率控制命令，这一部分即是通常所说的闭环功率控制。

公式中相关参数的意义如下。

（1）i：当前上行时隙的编号。

（2）μ：子载波宽度配置因子，前面的空中接口中已经对其进行了介绍。

（3）M_{PUCCH}：当前上行时隙使用的 RB 数。

（4）P_{o_PUCCH}：基站期望接收功率，同 PRACH 功率控制公式中的 P_{o-pre} 的意义类似。

（5）PL：路径损耗，同 PRACH 功率控制公式中的意义一样。

（6）$h(n_{CQI}, n_{HARQ})$：和上行控制信息格式相关的函数，n_{CQI} 和 n_{HARQ} 分别表示 CQI 和 HARQ 使用的 bit 数。

（7）$\Delta_{F\_PUCCH}(F)$：反映 PUCCH 不同的传输格式对发射功率的影响，如果该参数不下发，则按照 0 计算。

（8）$g(i)$：基站通过下行控制信息发送的功率控制命令，为闭环调整部分。

在 PUCCH 闭环控制过程中，除了 $g(i)$ 之外，其余都是已知参数，由 UE 自行计算。下面将重点介绍调整量 $g(i)$ 是如何得来的。

$g(i)$ 的取值由 gNodeB 根据 PUCCH 的相关测量结果计算得出，但在 3GPP 规范中没有定义标准的实现方式，因此不同的设备商采用的算法可能不一样，目前业界的主流算法是对 PUCCH 的 SINR 或者电平的测量结果和设备内部的门限进行对比，如果测量结果高于门限值，则基站下发降低功率的指示；如果测量结果低于门限值，则基站下发抬升功率的指示，如图 5-3 所示。其中，基站的内部门限值既可以设置固定值，也可以根据其他的算法自适应调整。

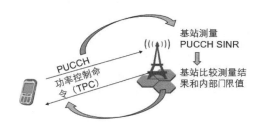

图 5-3　PUCCH 功率控制原理示意图

注意：$g(i)$ 的初始取值，即 UE 第一次发送 PUCCH 的时候，基站就需要下发相应的功率控制命令 $g(0)$，此时由于基站还没有测量过 PUCCH，因此第一次的调整量是通过固定的算法获取的，计算公式如下。

$$g(0) = \Delta P_{rampup} + \Delta_{msg2}$$

其中，ΔP_{rampup} 是 UE 在随机接入过程中 PRACH 功率抬升的总量（如果没有抬升过，则其值为 0），Δ_{msg2} 为一个固定值，基站会通过广播消息下发给 UE。

5.3.3 PUSCH 功率控制

PUSCH 的功率控制过程和 PUCCH 非常相似，下面是规范中定义的公式。

$$P_{PUSCH}(i) = \min\{P_{CMAX}, 10 \times \lg(2^\mu \times M_{PUSCH}(i)) + P_{o\_PUSCH} + \alpha_{PUSCH} \times PL + \Delta_{TF}(i) + f(i)\}$$

公式中相关参数的意义如下。

（1）i：当前上行时隙的编号。

（2）μ：子载波宽度配置因子。

（3）M_{PUSCH}：当前上行时隙使用的 RB 数，通过上行调度获取。

（4）P_{o_PUSCH}：基站期望接收功率。

（5）PL：路径损耗，其算法和其他信道中的算法一样。

（6）α_{PUSCH}：路损因子。由于 PUSCH 的解调门限相对于其他信道而言较低，所以在 UE 计算路损的时候增加了此因子，其取值是(0,1)。

（7）$\Delta_{TF}(i)$：不同的 MCS 格式相对于参考 MCS 格式的功率偏置值。其物理意义如下：在不同 MCS 格式下，PUSCH 所需要的解调门限是不同的，因此需要额外考虑此偏置量。此参数是一个可选参数，如果系统未下发给 UE，则按 0 处理。

（8）$f(i)$：基站下发的功率控制调整量，其算法和 PUCCH 功率控制公式类似，在标准规范中未定义，由设备侧自行实现。

5.3.4 SRS 功率控制

SRS 功率控制主要用于上行信道估计和上行定时，以保障其精度。SRS 功率控制复用 PUSCH 功率控制参数和命令。根据传输带宽和 PUSCH 功率控制相关参数，通过计算可以确定 SRS 发射功率。

SRS 功率控制计算公式如下。

$$P_{SRS,f,c}(i, q_s, l) = \min\left\{\begin{array}{l} P_{CMAX,f,c(i)}, 10 \times \lg(2^\mu \times M_{SRS,f,c}(i)) + P_{o\_SRS,f,c}(q_s) \\ + \alpha_{SRS,f,c}(q_s) \times PL_{f,c}(q_s) + h_{f,c}(i, l) \end{array}\right\}$$

公式中相关参数的意义如下。

（1）i 表示上行时隙编号；q_s 表示 SRS 资源集编号；f 表示载波编号；c 表示小区编号。

（2）$P_{CMAX,f,c(i)}$：UE 在小区 c 的载波 f 上的最大发射功率。

（3）μ：子载波宽度配置因子。

（4）M_{SRS}：SRS 传输带宽，通过基站下发。

（5）P_{o_SRS}：SRS 的 gNodeB 目标信号功率水平。

（6）α_{SRS}：路径损耗补偿因子。

（7）$h_{f,c}(i, l)$：UE 的 PUSCH 发射功率的调整量，其算法和 PUSCH 中的 $f(i)$ 一样。

5.3.5 闭环功率控制步长

虽然在规范中没有定义基站调整上行功率的算法，但是其对每次功率的调整量做了明确的定义。5G 系统中采用 2bit 的开销作为功率控制命令，通常称之为传输功率控制（Transmission Power Control, TPC），通过 2bit 的指示一共有 4 种取值。同时，规范中定义了两类功率控制步长，每种 TPC 在不同模式下的取值是不同的，如表 5-2 所示。

表 5-2　功率控制步长

TPC 命令	累计模式	绝对模式
00	−1	−4
01	0	−1
10	1	1
11	3	4

假设每次功率控制命令中下发的调整量为 $f(i)$，终端实际的调整量为 $y(i)$，i 表示当前的上行时隙编号，在不同的模式下 $f(i)$ 和 $y(i)$ 的关系是不同的。

（1）当采用绝对模式时，表示 TPC 命令直接指示功率调整量，包括 -4dB、-1dB、1dB 和 4dB 4 种取值。该模式下，$y(i)=f(i)$。

（2）当采用累计模式时，表示 TPC 命令指示的量并不是直接的功率调整量，而是本次调整量相对于上次调整量的增量。在该模式下，$y(i)=f(i)+y(i-1)$。例如，上个周期上行功率控制的结果是 +3dB，本次的 TPC 命令指示的是 -1dB，则实际上本次的功率调整是两者之和，即 2dB。

相对于绝对模式，累计模式支持的步长取值更多，可以更好地适配快衰落下的功率补偿。具体使用哪种模式，由基站通过 RRC 消息下发给终端，当前推荐使用累计模式。

5.4　5G 上下行解耦技术

C-Band TDD 系统拥有大带宽，是构建 5G eMBB 业务的黄金频段。目前，全球大多数运营商已经将 C-Band 作为 5G 的首选频段。但是，5G 上下行时隙配比不均以及 gNodeB 下行功率增大，导致了 C-Band TDD 系统上下行覆盖不平衡，上行覆盖受限成为 5G 网络部署的关键技术瓶颈。同时，随着波束赋形、CRS-Free 等技术的引入，下行干扰减小，C-Band TDD 系统上下行覆盖差距进一步扩大。根据现场实际测试的结果，在 3.5GHz 频段中，上行覆盖和下行覆盖的差距最大可以达到 13dB（实际值和组网及参数配置相关，可能会有 1~2dB 的差异），如图 5-4 所示，在实际的覆盖规划中，系统的覆盖会严格受限，从而导致建设成本急剧提升。

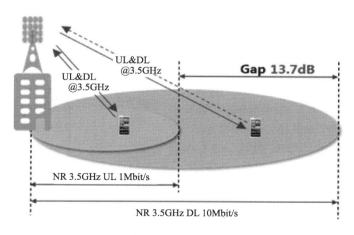

图 5-4　C-Band 频段上下行覆盖差异

目前，上下行解耦技术已经正式写入 3GPP Rel-15 标准，其标准化演进过程如图 5-5 所示。

LTE和NR共存纳入NR Rel-15 WI范围	确定SUL用于共存的Band定义方式	NR 上下解耦的工作机制	LTE-NR 上行共存和NR下行解耦协议完全冻结
■会议结论： · LTE 和NR 上行频谱共存纳入Rel-15WI范围 · 通过上行频谱共存的SUL备选频段集合（700MHz,800MHz,900MHz,1800MHz）	■会议结论： · SUL频段包括700MHz/800MHz/900MHz/1.8GHz/2.1GHz · 上行频谱共存可以通过配置方式实现LTE和NR对齐（7.5kHz偏移）	■会议结论： · 确定了SUL的调度机制 · 上下行解耦小区逻辑上属于一个小区，即1个下行、2个上行（SUL和UL） · DCI中的UL载波标识，用于动态指示PUSCH传输频点(UL/SUL)	■会议结论： · L/NR上行共存所有细节完成 · NR上下行解耦所有细节完成 ...

3GPP Rel-15标准已完成并冻结上下行解耦的协议框架、关键技术和基本流程

图 5-5 上下行解耦标准化演进过程

在标准化过程中，首先需要确定上下行解耦使用的上行频段，因此在 3GPP Rel-15 中引入了辅助上行频段（简称为 SUL），通过该频段可以实现上行业务频率和下行业务频率的解耦，通过 SUL 的低频特性增强上行覆盖。3GPP Rel-15 定义的 SUL 频段如表 5-3 所示。

表 5-3 3GPP Rel-15 定义的 SUL 频段

SUL 频段	频率范围
n80	1710~1785MHz
n81	880~915MHz
n82	832~862MHz
n84	1920~1980MHz
n86	1710~1780MHz

5.4.1 技术概述

引入 SUL 后，上行可以通过 NUL（NR UL）载波或 SUL 载波承载。SUL 的功能通过 SUL 小区实现，NUL 的功能通过 5G TDD 小区实现，并通过 5G TDD 小区和 SUL 小区的关联实现上下行解耦功能。如图 5-6 所示，当 UE 上行覆盖良好时，上行仍通过 C-Band 实现业务需求，但当 UE 移动到小区边缘时，基站检测到上行覆盖变差，会通过相应的流程将上行频段切换至 SUL。当系统引入 SUL 频段后，SUL 小区在随机接入、功率控制、调度、链路管理和移动性管理上，与 NUL 频段的过程有所区别。

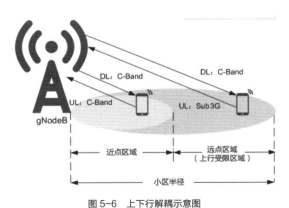

图 5-6 上下行解耦示意图

5.4.2 SUL 载波参数

为了保证 UE 在 SUL 载波上正确接入和工作，gNodeB 需要将 SUL 载波的相关信息发送给 UE，包括如下信息。

（1）帧结构、系统带宽及频点。

（2）SUL 上行公共信道配置，包括 PRACH、PUSCH 和 PUCCH 的配置。

相关的 SUL 配置会通过相应的消息下发给 UE，分为 NSA 组网和 SA 组网 2 种应用场景。

（1）SA 组网场景：SUL 公共配置通过 SIB1 消息下发，SUL 专用信道参数配置通过 RRC Reconfiguration 消息下发。

（2）NSA 组网场景：所有的 SUL 配置先通过 X2 接口的 SENB Addition Request Acknowledge 消息传递给 4G 基站，再由 4G 基站通过 RRC Reconfiguration 消息下发至 UE。

5.4.3　SUL 载波管理流程

SUL 载波管理流程包括初始接入的上行载波选择以及上行载波变更。

1. NSA 组网 SUL 载波选择

NSA 组网场景下，UE 驻留在 LTE。当与 eNodeB 和 gNodeB 建立双连接时，网络侧需要为 UE 添加 gNodeB 作为辅小区组（Secondary Cell Group，SCG），并指示 UE 在 NR 发起随机接入。对于支持上下行解耦的 UE，网络侧需要为 UE 选择 NUL 载波或 SUL 载波作为上行链路，并在 RRC 重配消息中指示 UE 要接入的上行载波。

NSA 连接态接入 SUL 小区时，上行载波选择流程如下。

（1）建立双连接时，eNodeB 向 UE 下发异系统测量配置（B1 事件测量配置，B1 事件表示 5G 测量电平大于配置的门限值），指示 UE 测量 gNodeB 信号。

（2）eNodeB 收到 UE 上报的异系统测量报告后，将 NR 小区 RSRP 转发给 gNodeB，gNodeB 根据如下规则为 UE 选择上行载波。

① 如果 NR 小区 RSRP 大于或等于设置门限，则表示 UE 处于覆盖良好的区域，网络指示 UE 在 NUL 小区接入。

② 如果 NR 小区 RSRP 小于设置门限，则表示 UE 处于 NR 上行覆盖弱或无覆盖区域，网络侧指示 UE 在 SUL 载波发起随机接入。

（3）目标 gNodeB 将携带上行载波选择结果的 RRC 重配消息，通过源 gNodeB 发送给 UE。

（4）UE 根据 RRC 重配消息中指示的上行载波，在对应的上行载波上发起随机接入。无论是在 SUL 还是在 NUL 上发起随机接入，其流程和标准的随机接入流程并没有差异，这里不再复述。

2. SA 组网 SUL 载波选择

SA 组网场景下的 SUL 载波选择涉及空闲态初始接入场景下的 SUL 载波选择以及连接态切换后的 SUL 载波选择两种场景。

空闲态初始接入场景下 SUL 载波选择过程如下。

（1）UE 接收系统广播消息，获取 SUL 载波选择门限。

（2）UE 测量下行 SSB RSRP 并和选择门限相比，如果测量结果大于等于门限，则 UE 在 NUL 载波上发起随机接入；如果测量结果小于门限，则 UE 在 SUL 载波上发起随机接入。

当 UE 在 RRC 连接态切换时，若目标小区是 SUL 小区，对于支持上下行解耦的 UE，网络侧需要为 UE 选择 NUL 载波或 SUL 载波，并在 RRC 重配置消息中指示 UE 要接入的上行载波，SUL 载波选择过程如下。

（1）切换前，源 gNodeB 向 UE 下发系统内测量控制（A3 事件），指示 UE 测量邻区信号强度。

（2）源 gNodeB 收到 UE 上报的测量报告后，将邻区测量的 RSRP 转发给目标 gNodeB，目标 gNodeB

根据如下规则为 UE 选择上行载波。

① 如果测量结果大于等于配置门限，则目标基站指示 UE 在邻区的 NUL 小区发起接入。

② 如果测量结果小于配置门限，则目标基站指示 UE 在邻区的 SUL 小区发起接入。

（3）目标基站在切换响应消息中将 SUL 或 NUL 的信息传递给源基站，源基站通过切换命令将该信息传递给 UE。

（4）UE 根据响应的指示在 SUL 或 NUL 载波上发起随机接入。

3. 上行载波变更

UE 在上下行解耦小区中进入连接态，由于 NUL 载波与 SUL 载波的上行覆盖存在差异，UE 在 NR 小区内移动时会产生上行载波变更。如果 UE 当前的上行链路在 NUL 载波上，则基站会下发 A2 事件相关测量配置，如果当前小区下行测量结果满足 A2 事件，则 UE 上报测量报告，基站将上行链路从 NUL 变更到 SUL；如果 UE 当前的上行链路在 SUL 载波上，则基站会下发 A1 事件相关测量配置，如果当前小区下行测量结果满足 A1 事件，则 UE 上报测量报告，基站将上行链路从 SUL 变更到 NUL。

5.4.4 无线资源管理算法

当采用了上下行解耦功能后，由于 SUL 载波的频段和信道参数的配置与 NUL 不同，所以相应的无线资源管理算法和正常的非解耦场景略有差异。

1. SUL 调度差异

上下行解耦特性生效时，下行链路承载在 NUL 载波上，上行链路承载在 SUL 载波上。由于 NUL 载波的子载波间隔为 30kHz，SUL 载波的子载波间隔为 15kHz，NUL 载波与 SUL 载波的 TTI 数量比例是 2∶1，所以调度时需要考虑不同时序的调度。对于 NUL 载波，上行和下行的时隙通过参数进行配置，当前主流配置为 4∶1 或者 7∶3；对于 SUL 载波，所有的上行时隙均可使用，如图 5-7 所示。

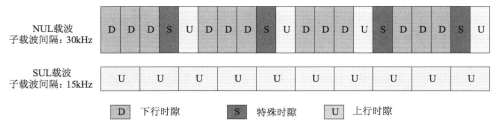

图 5-7 上下行解耦调度时序

NR 引入了灵活的调度机制，协议引入了 $K1$ 和 $K2$，以保证 gNodeB 和 UE 间的调度时序不错乱。其中，$K1$ 用于确定下行数据传输的 HARQ 时序，$K2$ 用于确定上行调度时序，$K1$ 和 $K2$ 基于算法自动计算得到。gNodeB 通过下行控制消息将 $K1$ 和 $K2$ 参数下发给 UE。其余调度算法与非上下行解耦相同。

下面来看针对下行数据的 HARQ 反馈场景，该场景下，上行 HARQ 会通过 SUL 链路发送。在上下行解耦场景下，下行数据传输的 ACK/NACK 反馈时序为 $N+K1$。当 UE 在 C-Band 时隙 N 收到下行数据时，会在 C-Band 时隙 $N+K1$ 对应的 Sub-3G 上行子帧反馈 ACK/NACK，如图 5-8 所示。

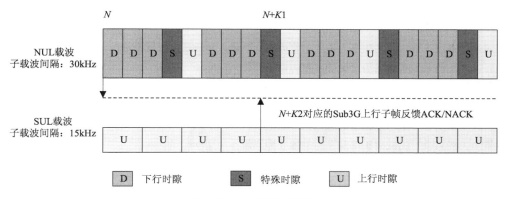

图 5-8　上行 HARQ 时序图

上行 SUL 的调度过程：在上下行解耦中，网络侧通过 C-Band 调度指示了 UE 在 SUL 上调度的资源，调度时序为 $N+K2$。当 UE 在 C-Band 时隙 N 收到包含上行调度的 DCI 时，会在 C-Band 时隙 $N+K2$ 对应的 Sub3G 上行时隙内发送上行数据，如图 5-9 所示。

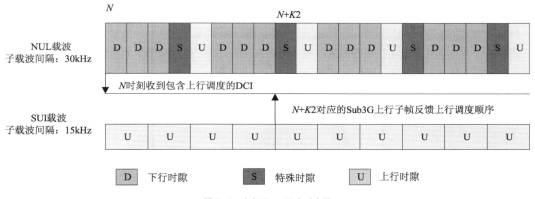

图 5-9　上行 SUL 调度时序图

同时，下行解耦支持灵活调度，每个 C-Band 子帧都可以调度 Sub3G SUL 上的资源，该机制可以平衡 C-Band 每个子帧 PDCCH 的负载。C-Band 与 Sub3G 的时隙数量比例是 2∶1，如果某个 Sub3G 子帧可以被 2 个 C-Band 子帧调度，则这 2 个 C-Band 子帧 PDCCH 只需要承担 50% 的负载。

2. SUL 上行功率控制差异

SUL 载波各信道的功率控制原理与 NUL 载波上行功率控制相同。两者的差异在于 SUL 载波没有下行链路，因此需要采用 NUL 载波下行链路进行路损估计。此方法获得的路损估计会大于实际路损情况，会造成 SUL 载波随机接入上行发射功率过高，导致上行干扰提升。因此，gNodeB 会根据 SUL 载波和 NUL 载波下行的路损差调整如下值。

（1）P_{0_pre}：gNodeB 期待接收到的 Preamble 的初始功率。

（2）P_{0_PUCCH}：gNodeB 期待接收到的 PUCCH 初始功率。

（3）P_{0_PUSCH}：gNodeB 期待接收到的 PUSCH 初始功率。

对于 NSA 组网场景，gNodeB 通过 RRC 重配置消息下发上述信息；对于 SA 组网场景，gNodeB 通过 SI 消息下发上述消息。

5.4.5 二次谐波干扰避让

谐波是指电流中所含的频率为基波的整数倍的电量，一般是指对周期性的非正弦电量进行傅里叶级数分解，其大于基波频率的电流产生的电量。谐波产生的根本原因是由于存在非线性负载，当电流流经负载时，与所加的电压不呈线性关系，就形成了非正弦电流，从而产生谐波。谐波频率是基波频率的整倍数。在上下行解耦场景下，终端上行的发射频率和下行的接收频率属于两个不同的频段，因此 SUL 频段的频率产生的二次谐波有可能会落入下行，成为一个下行的干扰信号，影响下行信号的接收，如图 5-10 所示。

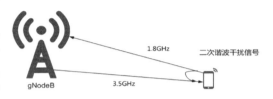

图 5-10　SUL 二次谐波干扰示意图

根据理论计算，有可能会产生二次谐波的 SUL 和 NUL 的频段组合主要是 n78、n80 及 n86 频段的组合。二次谐波的产生和终端的射频性能关系比较大，主要取决于谐波功率的大小。针对二次谐波干扰问题，目前主要有以下 2 种解决方案。

（1）由于 n78 和 n80 的频率范围比较大，因此，通过合理的频段范围分配可以尽可能地规避二次谐波干扰，即通过合理分配 n78 的频率，使得 SUL 的双倍频率和实际使用的 n78 频率范围错开。如表 5-4 所示，针对 n78 和 n80 两个频段的组合，在深色区域内的组合会产生同频的二次谐波干扰，而其他区域内的组合则不会产生该干扰。目前，中国在发放每个频谱牌照的时候已经考虑到了此问题，给每个运营商分配的 3.5GHz 频段基本上都考虑了现有 1.8GHz 的影响。

表 5-4　不同频段组合下的二次谐波干扰情况

现网频段		二次谐波干扰频段		
		3.4~3.5GHz	3.5~3.6GHz	3.6~3.7GHz
A 运营商	1715~1725MHz		N/A	N/A
B 运营商	1730~1735MHz		N/A	N/A
C 运营商	1735~1740MHz			N/A
D 运营商	1745~1760MHz			N/A
E 运营商	1760~1770MHz	N/A		N/A
F 运营商	1770~1780MHz	N/A		N/A

（2）如果分配的频段无法完全错开，则可以通过基站侧的上下行协同调度算法来规避干扰。其基本原理是基站在做下行调度的时候会考虑当前 SUL 使用的 RB 频率，在分配下行 RB 资源时，会尽可能使下行 RB 对应的频率范围在 SUL 的 RB 频率的 2 倍之外。当然，这种方案需要非常复杂的调度算法的支持，对基站的要求也非常高，因此，建议优先通过合理的频段分配规避这一问题。

5.4.6　SUL 频率获取方案

从之前的 SUL 频率分配可以发现，规范中定义的 SUL 频段实际上是 FDD 频段的上行部分，且这些频率当前已经广泛应用在 LTE 系统中。下面将以 1.8GHz 的 n80 为例，介绍 2 种 SUL 频率获取方案。

（1）通过频率重耕方式获取：即从当前的 FDD 系统中直接划分出固定的带宽给 5G 的 SUL 使用，该方案实现起来比较简单，对网络设备没有要求，但会对当前的 LTE 网络的性能造成影响。例如，假设现在某运营商在 1.8GHz 的频段部署了 20MHz 的 LTE 系统。根据解耦的需求需要获取 10MHz 的 SUL 资源，此时，运营商需要将 1.8GHz 的上行直接腾出 10MHz 给 5G 使用。由于 FDD 是对称频谱，从而导致整个 LTE 的带宽需要从 20MHz 缩减到 10MHz，会对 LTE 网络的容量造成非常明显的影响。此外，在部署了解耦小区后，SUL 的资源并不是一直在使用，如果当前的 5G 小区没有上行解耦用户，则会导致这些独立的 SUL 频段浪费。因此，采用这种部署方案时，既会对 LTE 容量造成很大的影响，SUL 资源的利用率也不高。

（2）通过 LTE 和 NR 的频率共享方式获取 SUL 频率：即 SUL 的频率并不是固定不变的，如在前一个方案的相同场景下，NR 的 SUL 和 LTE 共享上行 20MHz 的频率资源，如图 5-11 所示，在不同的时刻，4G 和 5G 使用的频率资源是不同的。采用此方案时，对 LTE 的下行容量没有任何影响；同时，SUL 的频率资源也是按需分配的，可以提升整个上行 20MHz 带宽的利用率。

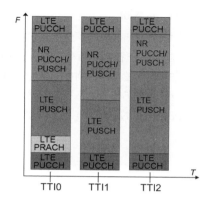

图 5-11　LTE 和 NR 上行频谱共享示意图

本章小结

本章首先介绍了 5G 功率控制的作用；其次，针对上行和下行各个物理信道的特点讲解了功率控制的原则和具体算法；最后，阐述了 5G 上下行解耦技术，分别从上下行解耦的流程、上下行解耦的作用进行了讲解。

通过本章的学习，读者应该对 5G 功率控制实现的原理有一定的了解，对上下行解耦的技术有清晰的认识；能够充分理解 5G 各个物理信道功率控制的算法以及上下行解耦的流程。

课后练习

1. 选择题

（1）（多选题）以下频段可以用于 SUL 的是（　　　）。

　　A. N3　　　　　　　B. N77　　　　　　　C. N80　　　　　　　D. N81

（2）在上下行解耦场景下，（　　　）测量上报事件用于触发 NUL 到 SUL 的链路切换。

　　A. A1　　　　　　　B. A2　　　　　　　C. A3　　　　　　　D. A4

（3）（多选题）终端在计算 PUSCH 的发射功率时，需要考虑的因素包括（　　　）。

　　A. PUSCH 的 RB 数　　　　　　　　　　B. 基站期望接收功率

　　C. 路径损耗　　　　　　　　　　　　　D. 最大重传次数

（4）在上行功率控制过程中，UE 计算路损时是基于（　　　）测量结果得到的。

　　A. SSB RSRP　　　　B. SSB SINR　　　　C. CSI-RS RSRP　　　D. CSI-RS SINR

（5）5G 中的上行功率控制命令是（　　　）。

　　A. 1bit　　　　　　　B. 2bit　　　　　　　C. 3bit　　　　　　　D. 4bit

2. 简答题

（1）简述 5G 下行不使用功率控制的原因。

（2）5G 上行闭环功率控制步长有哪两种机制？

（3）为什么 5G 网络中上下行的覆盖差异比 4G 更大？

（4）简述 5G 中上下行链路路损差距比 4G 网络大的主要原因。

（5）简述 NSA 和 SA 组网下终端初始接入时选择上行链路的差异。

Communication

Chapter

6

第 6 章
5G 移动性管理

移动性是移动网络下的一项基本功能，主要用于保证处于连接态的 UE 能够在移动的情况下享受无中断的服务。

本章将对 NSA 组网和 SA 组网场景下移动性管理的原理及应用进行讨论，用以提高日常维护水平、增强故障自处理能力。

课堂学习目标

- 熟悉 NSA 组网场景下的移动性管理
- 掌握 SA 组网场景下的连接态移动性管理
- 理解 SA 组网场景下的空闲态移动性管理
- 了解 NR 与 LTE 异系统的互操作

6.1 5G 移动性管理架构

通过合理的功率分配，可以实现一定的小区覆盖。但是用户在移动过程中，超出小区的合理覆盖范围时，就需要考虑切换。移动性管理是移动网络下的一项基本功能，主要用于保证手机能够在移动的情况下享受无中断的业务服务。

5G 的移动性管理根据网络架构的不同可以分为以下 2 种。

（1）NSA 组网场景下的移动性管理。

此场景下主要为主辅小区（Primary Secondary Cell，PSCell）变更。根据目标小区与源小区是否同站，分为站内 PSCell 变更和站间 PSCell 变更。

（2）SA 组网场景下的移动性管理。

根据 UE 的状态可以分为连接态的移动性管理、Inactive 态和空闲态的移动性管理。对于连接态移动性管理，根据执行的流程可以分为切换和重定向；Inactive 态和空闲态的移动性管理被称为小区重选。NR 移动性管理架构如图 6-1 所示。

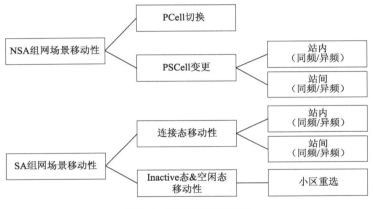

图 6-1 NR 移动性管理架构

6.2 NSA 组网场景下移动性管理

NSA 组网场景下移动性管理涉及的相关概念如下。

（1）PCell：Primary Serving Cell，主站下的主小区。

（2）PSCell：Primary Secondary Cell，主辅小区。

（3）EN-DC：E-UTRA-NR Dual Connectivity，LTE 与 NR 跨制式 DC。

3GPP 协议支持具有多个 Rx/Tx 的 UE 和两个独立节点同时建立连接。两个独立节点的调度器给该 UE 分配无线资源，其中一个节点称作主节点(Master Node，MN)，另一个节点称作辅节点(Secondary Node，SN)。

在 EN-DC 场景下，eNodeB 作为主节点，与 EPC 连接；gNodeB 作为辅节点，通过 X2 口与 eNodeB 相连。EN-DC 的信令架构如图 6-2 所示。

NSA 组网时，EN-DC 场景是指主站为 LTE 基站，即 Master eNodeB

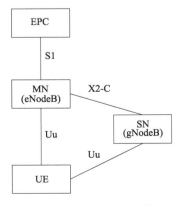

图 6-2 EN-DC 的信令架构

（MeNB）；辅站为 5G 基站，即 Secondary gNodeB（SgNB）。NR 的所有信令通过 eNodeB 下发。此时，gNodeB 的测量控制模块产生的测量控制消息通过 X2 口传递给 eNodeB，由 eNodeB 下发给 UE。UE 将测量结果上报 eNodeB，eNodeB 通过 X2 口将测量报告传递给 gNodeB 进行 PSCell 变更流程。NSA 组网场景的站内 PSCell 变更和站间 PSCell 变更如图 6-3 和图 6-4 所示。

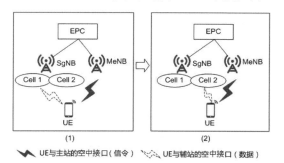

图 6-3 NSA 组网场景的站内 PSCell 变更　　　　　图 6-4 NSA 组网场景的站间 PSCell 变更

1. PSCell 变更流程

NSA 组网时，双连接场景下的 NR 同频小区间移动性管理（即 PSCell 小区的变更）主要包括以下两种情况。

（1）PSCell 的站内变更，指 PSCell 变更为 SgNB 站内的其他小区，即 SgNB Modification 流程。

（2）PSCell 的站间变更，指 PSCell 变更为其他 SgNB 的小区，即 SgNB Change 流程。

PSCell 站内和站间变更流程涉及的环节一致，如图 6-5 所示。

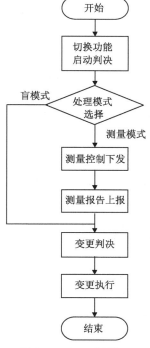

图 6-5 PSCell 变更流程

2. 测量控制下发

当 gNodeB 收到 SgNB Addition Request 消息时，gNodeB 产生测量控制信息，通过 X2 口传递给 eNodeB，由 eNodeB 下发测量控制信息给 UE。

3. 测量报告上报

5G 采用 A3 事件触发 PSCell 变更。A3 事件表示邻区信号质量比服务小区信号质量高一定的门限值。

当 UE 收到测量控制消息后，会启动服务小区和邻区的信号质量测量，并对测量值根据"RSRP 滤波系数"进行滤波，然后进行 A3 事件判决：当信号质量在时间迟滞的时间范围内持续满足表 6-1 所示的触发 A3 事件的条件时，UE 执行相应的动作。触发 A3 事件后，如果未满足取消 A3 事件的条件，则该邻区的 A3 事件会每隔 240ms 持续上报。

表 6-1　A3 事件的触发与取消

类别	需满足的条件	执行动作
触发 A3 事件	Mn+Ofn+Ocn−Hys>Ms+Ofs+Ocs+Off	触发该邻区的 A3 事件报告
取消 A3 事件	Mn+Ofn+Ocn+Hys<Ms+Ofs+Ocs+Off	取消上报该邻区的 A3 事件报告

其中，条件公式中相关变量的具体含义如下。

（1）Ms、Mn 分别表示服务小区、邻区的测量结果。

（2）Ofs、Ofn 分别表示服务小区、邻区的频率偏置。

（3）Ocs、Ocn 分别表示服务小区、DU 小区与邻区之间的小区偏移量。

（4）Hys 表示测量结果的幅度迟滞。

（5）Off 表示测量结果的偏置。

除 Ms 和 Mn 以外，所有变量的值均在测量控制消息中下发。A3 测量报告上报的最大小区数固定为 4个，测量报告上报次数不限。

4. 变更判决

gNodeB 根据收到的 A3 测量报告进行判断。若测量报告的 MeasID 和测量控制消息中的 MeasID 一致，则说明该测量结果有效。若测量报告中的小区存在于邻区关系中，则可以向该小区发起 PSCell 变更；否则不可以向该小区发起 PSCell 变更。gNodeB 判决发起 PSCell 变更，选择信号质量最好的小区作为目标小区。

5. 变更准备

gNodeB 通过 X2 接口发起 PSCell 变更请求 SgNB Modification Required（站内变更）或 SgNB Change Required（站间变更）。

（1）站内变更：当有数据需要转发或者 SN 密钥需要变更时，若 eNodeB 收到 SgNB Modification Request Acknowledge 消息，则认为辅站变更准备成功，并向 UE 下发 RRC Connection Reconfiguration 消息，UE 执行变更；若 eNodeB 收到 SgNB Modification Request Reject 消息，则认为变更准备失败，不会向 UE 下发变更执行消息，此时，gNodeB 需等到下一次测量报告上报时再选择合适的小区发起变更。

（2）站间变更：若 eNodeB 收到 SgNB Addition Request Acknowledge 消息，则认为辅站变更准备成功，并向 UE 下发 RRC Connection Reconfiguration 消息，UE 执行变更；若 eNodeB 收到 SgNB Addition Request Reject 消息，则认为变更准备失败，不会向 UE 下发变更执行消息，此时，gNodeB 需等到下一次测量报告上报时再选择合适的小区发起变更。

6. 变更执行

当源 PSCell 收到由 eNodeB 通过 X2 口带回的 RRC 重配完成消息时，认定 PSCell 变更成功，否则认定 PSCell 变更失败，UE 向 eNodeB 发送 SCG Failure Information 消息。

6.3 SA 组网场景下连接态移动性管理

连接态移动性管理通常简称为切换，它是指对于在小区间移动的 RRC 连接态的 UE，为了保障移动过程中的 UE 能够持续地接受网络服务，gNodeB 对 UE 的空中接口状态保持监控，判断是否需要变更服务小区的过程。

基于连续覆盖网络，当 UE 移动到小区覆盖边缘时，服务小区信号质量变差，邻区信号质量变好时，则触发基于覆盖的切换，有效地防止了由于小区的信号质量变差而造成的掉话，如图 6-6 所示。

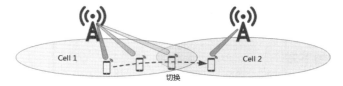

图 6-6　基于覆盖的切换示意图

6.3.1 移动性基础流程

SA 组网场景下的切换流程如图 6-7 所示。

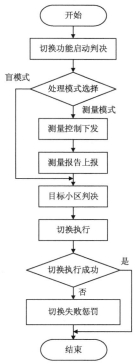

图 6-7　SA 组网场景下的切换流程

6.3.2 切换功能启动判决

对于不同的切换功能，UE 在当前服务小区是否存在切换发起需求的条件完全不同，主要包括以下 3 个因素。

（1）切换功能的开关。

（2）是否配置相邻频点。

（3）服务小区信号质量的好坏。

6.3.3 处理模式选择

根据切换前是否对邻区进行测量，切换的处理模式可以分为测量模式、盲模式。

（1）测量模式：对候选目标小区信号质量进行测量，根据测量报告生成目标小区列表。

（2）盲模式：不对候选目标小区信号质量进行测量，直接根据相关的优先级参数的配置生成目标小区或目标频点列表。采用此模式时，UE 在邻区接入失败的风险高，因此一般情况下不采用此模式，仅在必须尽快发起切换时才采用。

6.3.4 测量控制下发

在 UE 建立无线承载后，gNodeB 会根据切换功能的配置情况，通过 RRC Connection Reconfiguration 给 UE 下发测量配置信息。在 UE 处于连接态或完成切换后，若测量配置信息有更新，则 gNodeB 会通过 RRC Connection Reconfiguration 消息下发更新的测量配置信息。测量配置信息主要包括以下内容。

1. 测量任务的测量对象

测量对象主要由测量系统、测量频点或测量小区等属性组成，指示 UE 对哪些小区或频点信号质量进行测量。NR 系统内测量对象的关键属性配置信息如下。

（1）SSB 频点。

（2）小区偏移量。

（3）同步信号/物理广播信道块测量定时配置（SS/PBCH Block Measurement Timing Configuration，SMTC），如 SSB 测量窗口长度、SSB 周期等。

2. 测量任务的报告配置

报告配置主要包括测量事件信息、事件上报的触发量和上报量、测量报告的其他信息等，指示 UE 在满足什么条件下上报测量报告，以及按照什么标准上报测量报告。

当前支持基于测量事件的测量报告，该报告配置包括了测量事件和触发量。

（1）测量事件：包括 A1、A2、A3、A4、A5、A6、B1 或 B2。对于不同的切换功能，具体使用的测量事件也不同。测量事件的相关定义如表 6-2 所示。

表 6-2 测量事件的相关定义

事件类型	事件定义
A1	服务小区信号质量变得高于对应门限
A2	服务小区信号质量变得低于对应门限
A3	邻区信号质量开始比服务小区信号质量高一定的门限值
A4	邻区信号质量变得高于对应门限
A5	服务小区信号质量变得低于门限 1 并且邻区信号质量变得高于门限 2

续表

事件类型	事件定义
A6	邻区信号质量开始比辅小区信号质量高一定的门限值
B1	异系统邻区信号质量变得高于对应门限
B2	服务小区信号质量变得低于门限 1 并且异系统邻区信号质量变得高于门限 2

各个测量事件的进入和退出条件如表 6–3 所示。

表 6-3　各个测量事件的进入和退出条件

事件类型	进入条件	退出条件
A1	Ms-Hys>Thresh, 且上述条件持续 TimeToTrig 时间	Ms+Hys<Thresh, 且上述条件持续 TimeToTrig 时间
A2	Ms+Hys<Thresh, 且上述条件持续 TimeToTrig 时间	Ms-Hys> Thresh, 且上述条件持续 TimeToTrig 时间
A3	Mn+Ofn+Ocn-Hys>Ms+Ofs+Ocs+Off，且上述条件持续 TimeToTrig 时间	Mn+Ofn+Ocn+Hys<Ms+Ofs+Ocs+Off，且上述条件持续 TimeToTrig 时间
A4	Mn+Ofn+Ocn-Hys>Thresh, 且上述条件持续 TimeToTrig 时间	Mn+Ofn+Ocn+Hys<Thresh，且上述条件持续 TimeToTrig 时间
A5	Ms+Hys<Thresh1 且 Mn+Ofn+Ocn-Hys> Thresh2，上述条件持续 TimeToTrig 时间	Ms-Hys>Thresh1 或 Mn+Ofn+Ocn+Hys<Thresh2，且上述条件持续 TimeToTrig 时间
A6	Mn+Ocn-Hys>Ms+Ocs+Off, 且上述条件持续 TimeToTrig 时间	Mn+Ocn+Hys<Ms+Ocs+Off，且上述条件持续 TimeToTrig 时间
B1	Mn+Ofn-Hys>Thresh，且上述条件持续 TimeToTrig 时间	Mn+Ofn+Hys<Thresh, 且上述条件持续 TimeToTrig 时间
B2	Ms+Hys<Thresh1 且 Mn+Ofn-Hys>Thresh2, 上述条件持续 TimeToTrig 时间	Ms-Hys>Thresh1 或 Mn+Ofn+Hys<Thresh2，且上述条件持续 TimeToTrig 时间

条件公式中相关变量的具体含义如下。

① Ms、Mn 分别表示服务小区、邻区的测量结果。

② Hys 表示测量结果的幅度迟滞。

③ TimeToTrig 表示持续满足事件进入条件或退出条件的时长，即时间迟滞。

④ Thresh、Thresh1、Thresh2 表示门限值。

⑤ Ofs、Ofn 分别表示服务小区、邻区的频率偏置。

⑥ Ocs、Ocn 分别表示服务小区、NR 系统内邻区的小区特定偏置（Cell Individual Offset，CIO）。

⑦ Off 表示测量结果的偏置。

（2）触发量：指触发事件上报的策略（如 RSRP、RSRQ 或 SINR），当前触发量仅支持基于 SSB 的 RSRP。

6.3.5　测量报告上报

UE 收到 gNodeB 下发的测量配置信息后，按照指示执行测量。当满足上报条件后，UE 将测量报告上报给 gNodeB。

6.3.6 目标小区判决

gNodeB 对目标小区或目标频点进行选择，判定是否存在合适的新的服务小区，存在则进入后续切换执行流程。其主要包括以下内容。

1. 测量报告的处理

测量报告的处理仅测量模式下的切换涉及，gNodeB 按照先进先出方式（先上报先处理）对收到的测量报告进行处理，生成候选小区或候选频点列表。

2. 切换策略的确定

切换策略是指 gNodeB 将 UE 从当前的服务小区变更到新的服务小区的流程方式。所涉及的基本切换策略定义如下。

（1）切换：当切换作为一种切换策略描述时，切换指的是将业务从源服务小区的 PS 域变更到目标小区的 PS 域，保证业务连续性的过程。其包括 NR 系统内的切换和系统间的切换。

（2）重定向：重定向指 gNodeB 直接释放 UE，并指示 UE 在某个频点选择小区接入的过程。

3. 目标小区或目标频点列表的生成

根据上报测量报告的邻区信息生成切换的目标小区，如果切换策略是重定向，则需确定好目标频点列表。

6.3.7 切换执行

在目标小区或目标频点判决后，gNodeB 将按照选择的切换策略执行切换。

（1）当切换策略为切换时，gNodeB 将从目标小区或目标频点列表中选择质量最好的小区发起切换请求，具体过程如下。

① 切换准备：源 gNodeB 向目标 gNodeB 发起切换请求消息（Handover Request 或 Handover Required）。如果目标 gNodeB 准入成功，目标 gNodeB 返回响应消息（Handover Request Acknowledge 或 Handover Command）给源 gNodeB，则源 gNodeB 认为切换准备成功，执行过程②。如果目标 gNodeB 准入失败，目标 gNodeB 返回切换准备失败消息（Handover Preparation Failure）给源 gNodeB，则源 gNodeB 认为切换准备失败，等待下一次测量报告上报时再发起切换。

② 切换执行：源 gNodeB 进行切换执行判决。若判决执行切换，则源 gNodeB 下发切换命令给 UE，UE 执行切换和数据转发。UE 切换目标小区成功后，目标 gNodeB 返回 Release Resource 消息给源 gNodeB，源 gNodeB 释放资源。

（2）当切换策略为重定向时，gNodeB 将在过滤后的目标频点列表中选择优先级最高的频点，在 RRC Connection Release 消息中下发给 UE。

6.4 SA 组网场景下空闲态移动性管理

空闲态移动性管理通常是指小区重选，即当 UE 正常驻留在一个小区中后，会测量驻留小区和邻区的信号质量，根据小区重选规则选择一个更好的小区进行驻留。

空闲态移动性管理涉及的相关概念如下。

（1）Acceptable Cell：可接受小区，表示可以让驻留其中的 UE 获得限制服务（如紧急呼叫、接收 ETWS、CMAS 通知等）的小区。该小区必须满足以下条件。

① 小区没有被禁止。

② 满足小区选择规则。

（2）Suitable Cell：合适小区，表示可以让驻留其中的 UE 获得正常服务的小区。该小区必须满足以下条件。

① 小区没有被禁止。

② 满足小区选择规则。

③ 小区属于以下某个 PLMN：UE 选择的 PLMN、等效 PLMN 列表中的某一个 PLMN。

④ 小区可支持 UE 选择的 PLMN 或者注册 PLMN。

（3）Barred Cell：被禁小区，表示禁止服务小区。如果是单运营商小区，则会在 MIB 消息中指示；如果是多运营商小区，则会在 SIB1 消息中以各运营商进行指示。

6.4.1　小区搜索和 PLMN 选择

小区搜索即 UE 与小区先获得时间和频率同步，得到物理小区标识，再根据物理小区标识，得到小区的信号质量和其他信息的过程。

在 5G 系统中，用于小区搜索的同步信号分为主同步信号和辅同步信号。UE 进行小区搜索的过程如下。

（1）UE 检测到主同步信号，获得时钟同步。同时，通过主同步信号映射获取到物理小区标识的组内 ID。

（2）UE 检测到辅同步信号，获得时间同步（帧同步）。同时，通过辅同步信号映射获取到物理小区标识所属的小区 ID 组编号。

（3）UE 通过物理小区标识的小区 ID 组编号和组内 ID 得到完整的物理小区标识。

（4）UE 检测到下行 SSB 信号，获得小区的信号质量。

（5）UE 读取到 MIB、SIB1 消息，获得小区的其他信息，如小区支持的运营商信息等。

小区搜索完成以后，UE 开始选择 PLMN，并在 PLMN 上注册。注册成功后将 PLMN 信息显示出来，并准备接受该运营商的服务。UE 进行 PLMN 选择的过程如图 6-8 所示。

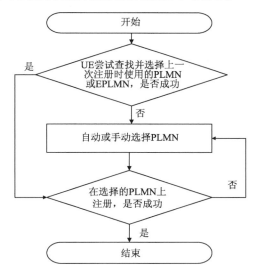

图 6-8　UE 进行 PLMN 选择的过程

6.4.2　小区选择

当 UE 从连接态转移到空闲态时，需要进行小区选择，选择一个 Suitable Cell 驻留。

UE 进行小区选择时，需要判断小区是否满足小区选择规则。小区选择规则（又称 S 规则）为

$$S_{rxlev} > 0，S_{rxlev} = Q_{rxlevmeas} - (Q_{rxlevmin} + Q_{rxlevminoffset}) - P_{compensation}$$

其中，各个参数的定义如下。

（1）S_{rxlev}：小区选择接收值。

（2）$Q_{rxlevmeas}$：测量到的小区接收信号电平值，即 RSRP。

（3）$Q_{rxlevmin}$：SIB1 消息中广播的小区最低接收电平值，可通过参数配置。

（4）$Q_{rxlevminoffset}$：SIB1 消息中广播的小区最低接收电平偏置值，当前没有携带，UE 默认其为 0dB。

（5）$P_{compensation}$：$max(P_{EMAX1} - P_{PowerClass}, 0)$。其中，$P_{EMAX1}$ 是在 SIB1 消息中广播的小区允许的 UE 的最大发射功率，$P_{PowerClass}$ 是 UE 自身的最大射频输出功率。

6.4.3　小区重选

当 UE 正常驻留在一个小区后，会测量驻留小区和邻区的信号质量，根据小区重选规则选择一个更好的小区进行驻留。UE 进行小区重选的过程如下。

1. 重选邻区测量启动

UE 根据服务小区的 S_{rxlev} 及邻区的重选频点优先级，判断是否启动邻区测量功能。

（1）同频邻区测量判决。

① 当服务小区的 S_{rxlev} 大于同频测量启动门限时，不启动同频重选邻区测量功能。

② 当服务小区的 S_{rxlev} 低于或者等于同频测量启动门限时，启动同频重选邻区测量功能。

（2）异频邻区测量判决。

① 若异频频点拥有比当前服务频点更高的优先级，则不管服务小区质量如何，UE 都会对它们进行重选邻区测量。

② 若异频频点的优先级低于或者等于当前服务频点的优先级，则进行以下判决。

a. 若服务小区的 S_{rxlev} 大于异频测量启动门限，则不启动异频重选邻区测量功能。

b. 若服务小区的 S_{rxlev} 小于或者等于异频测量启动门限，则启动异频重选邻区测量功能。

2. 根据邻区测量结果及小区重选规则进行小区重选

（1）在满足小区选择规则（即 S 规则）的同频邻区中，选择信号质量等级 R_n 最高的邻区作为 Highest Ranked Cell。

$$R\_n = Q_{meas,n} - Q_{offset}$$

其中，各个参数的定义如下。

① $Q_{meas,n}$：基于 SSB 测量出来的邻区的接收信号电平值，即邻区的 RSRP 值。

② Q_{offset}：小区重选偏置。

（2）在满足小区选择规则（即 S 规则）的同频邻区中，识别出信号质量满足如下条件的邻区。

$$RSRPhighest\ Ranked\ Cell - RSRPn \leqslant rangeToBestCell$$

其中，各个参数的定义如下。

① RSRPhighest Ranked Cell：Highest Ranked Cell 的 RSRP 值。

② RSRPn：各邻区的 RSRP 值。

③ rangeToBestCell：固定为 3dB，在 SIB2 消息中指示。

（3）在 Highest Ranked Cell 和满足上述条件的邻区中，选择小区中波束级 RSRP 值大于门限，且波束个数最多的小区作为 Best Cell。

（4）判断 Best Cell 是否同时满足以下条件。若满足，则 UE 重选到该小区；若不满足，则继续驻留在原小区。

① UE 在当前服务小区驻留超过 1s。

② 持续 1s 的时间内满足小区重选规则（又称 R 规则）：R_n>R_s。

其中，R_n=$Q_{meas,n}-Q_{offset}$；R_s=$Q_{meas,s}+Q_{hyst}$。其中，各个参数的定义如下。

a. $Q_{meas,n}$：基于 SSB 测量的邻区的 RSRP 值，单位为 dBm。

b. Q_{offset}：邻区重选偏置。

c. $Q_{meas,s}$：基于 SSB 测量出来的服务小区的接收信号电平值，即服务小区的 RSRP 值。

d. Q_{hyst}：小区重选迟滞。

6.5　5G 与 LTE 异系统互操作

NR 网络越来越多地采用 SA 组网方式。由于 NR 网络采用的频段较高（C-Band 及以上），导致 NR 小区整体覆盖范围受限，因此，在 NR 建网初期难以形成连续覆盖，其覆盖连续性比现有的 LTE 网络差。

为了解决上述问题，需要利用连续覆盖的 LTE 网络作为基本覆盖，通过 E-UTRAN 和 NG-RAN 系统间的互操作功能实现以下目标。

（1）在 NR 网络覆盖不连续的情况下，利用 LTE 网络的连续覆盖，保障用户业务体验的连续性。

（2）根据业务特性选择适合的承载网络，确保用户获得更好的体验。

6.5.1　空闲态移动性管理

空闲态 UE 在小区驻留后，通过监听系统消息，根据邻区测量规则对服务小区以及异系统邻区进行测量，根据小区重选规则选择一个更适合的小区进行驻留。

E-UTRAN 至 NG-RAN 小区重选流程和 NG-RAN 至 E-UTRAN 小区重选流程相似，如图 6-9 所示。

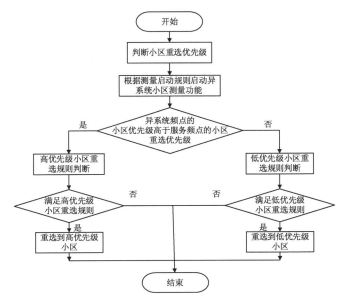

图 6-9　空闲态移动性管理流程

1. 小区重选优先级

（1）公共优先级。

在 UE 进行邻区测量和小区重选时，根据相邻频点的小区重选优先级与小区重选子优先级之和来确定该频点的优先级，通过与服务频点的小区重选优先级相比较，确定测量和重选的对象。不同系统的频点不能配置为相同优先级。

（2）专用优先级。

专用优先级是下发给单个 UE 有效的小区重选优先级，通过 SPID 优先级对 UE 实现差异化的小区重选，仅 E-UTRAN 至 NG-RAN 小区重选支持。

SPID 是运营商为 UE 在 HSS 数据库中注册的一个取值为 1~256 的策略索引，eNodeB 根据 SPID 策略索引对 UE 下发专用的驻留和切换策略，确保根据 UE 的签约信息驻留或切换到合适的频率或系统。

2. 邻区测量

NG-RAN 默认开启 E-UTRAN 小区重选时的测量，无参数控制。小区重选时，根据如下规则对异系统邻区进行测量，NG-RAN 至 E-UTRAN 小区重选与 E-UTRAN 至 NG-RAN 小区重选的测量启动规则相同。UE 只对通过系统消息广播的邻频点或通过 RRC 释放消息获取的邻频点进行测量。

（1）当异系统的邻频点优先级和邻频点子优先级之和大于当前服务频点的优先级时，总是触发 UE 进行异系统小区测量。

（2）当异系统的邻频点优先级和邻频点子优先级之和低于当前服务频点的优先级时，如果当前服务小区的 S_{rxlev} 大于 SnonIntraSearchP（异系统测量 S_{rxlev} 门限），则 UE 不对异系统小区进行测量；如果当前服务小区的 S_{rxlev} 小于或等于 SnonIntraSearchP，则 UE 将对异系统小区进行测量。

3. S_{rxlev} 计算

E-UTRAN 系统和 NG-RAN 系统计算服务小区和异系统邻区的 S_{rxlev} 的方法相同：$S_{rxlev} = Q_{rxlevmeas} - (Q_{rxlevmin} + Q_{rxlevminoffset}) - P_{compensation}$。

6.5.2 数据业务移动性管理

数据业务移动性管理是为了保障在 LTE 小区和 NR 小区移动过程中的 UE 能够持续地使用数据业务。对于连接态 UE，基站需要对 UE 的空中接口状态保持监听，判断是否需要变更服务小区。数据业务移动性管理的基本流程如图 6-10 所示。

1. 测量控制下发

在 UE 建立无线承载后，eNodeB 或 gNodeB 会根据移动性功能和移动性策略配置给 UE 下发测量配置信息。若测量配置信息有更新，则 eNodeB 或 gNodeB 会通过 RRC Connection Reconfiguration 或 RRC Reconfiguration 消息下发更新的测量配置信息。其中，测量对象包括测量系统和测量频点，指示 UE 对哪些频点的信号质量进行测量。测量事件用于判断服务小区和邻区的信号质量。

2. 测量报告上报

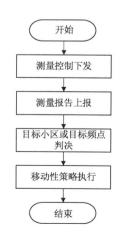

图 6-10 数据业务移动性管理的基本流程

UE 收到 eNodeB 或 gNodeB 下发的测量配置信息后，按照测量配置执行测量。当满足上报条件后，UE 将测量报告上报给 eNodeB 或 gNodeB。eNodeB 或 gNodeB 根据测量报告生成目标小区列表。

3．目标小区或目标频点判决

当移动性策略为切换时，eNodeB 或 gNodeB 选择目标小区列表中信号质量最好的小区。

当移动性策略为重定向时，eNodeB 或 gNodeB 选择目标小区列表中信号质量最好的小区对应的频点。

4．移动性策略执行

eNodeB 或 gNodeB 将目标小区或目标频点下发给 UE，指示 UE 执行切换或重定向。对于切换，会先进行切换准备，再执行切换。

（1）如果 eNodeB 向目标小区执行切换准备失败，则 UE 在一段时间内不会尝试切换到该目标小区，并从候选的目标小区列表中选择信号质量次好的小区进行切换。如果候选的目标小区列表中的所有小区都执行切换准备失败，则本次流程结束。

（2）如果 gNodeB 向目标小区执行切换准备失败，则 UE 在一段时间内不会尝试切换到该目标小区，并从候选的目标小区列表中选择信号质量次好的小区进行切换。如果候选的目标小区列表中的所有小区都执行切换准备失败且支持重定向，则执行重定向；如果执行切换准备失败且不支持重定向，则本次流程结束。

（3）如果 eNodeB 或 gNodeB 切换执行失败，则本次流程结束。

本章小结

本章首先介绍了 5G 移动性管理的整体架构，以及 NSA 组网场景下的移动性管理，包括辅小区变更的总体过程；其次，重点讲解了 SA 组网场景下连接态和空闲态的移动性管理，连接态移动性管理重点介绍了切换的总体过程，而在空闲态移动性管理重点介绍了小区选择和小区重选；最后，讲解了 5G 与 LTE 异系统的互操作。

通过对本章内容的学习，读者应该对 5G 移动性管理的机制有一定的了解，能够理解 NSA 组网实现辅站变更的原理，SA 组网场景下小区选择、小区重选及切换的原理，并对 5G 与 LTE 异系统互操作的流程有一定的认识。

课后练习

1．选择题

（1）（多选题）SA 组网下切换基础流程包括（　　　）。

　　A．触发环节　　　　　B．测量环节　　　　　C．判决环节　　　　　D．切换环节

（2）以下是 A3 事件进入条件的是（　　　）。

　　A．Mn+Ofn+Ocn−Hys>Ms+Ofs+Ocs+Off

　　B．Mn+Ofn+Ocn−Hys<Ms+Ofs+Ocs+Off

　　C．Mn+Ofn+Ocn+Hys>Ms+Ofs+Ocs−Off

　　D．Mn+Ofn+Ocn+Hys<Ms+Ofs+Ocs−Off

（3）（多选题）小区重选规则的要求包括（　　　）。

　　A．持续 1s 内，R_n>R_s

　　B．持续 1s 内，R_n<R_s

    C. UE 在当前服务小区驻留超过 1s

    D. UE 在当前服务小区驻留小于 1s

（4）（　　）事件表示邻区信号质量变得高于对应门限。

    A. A1   B. A3   C. A4   D. B1

（5）盲切换相对于普通切换可以不做（　　）环节。

    A. 触发   B. 测量   C. 判决   D. 切换

（6）（　　）事件发生在基于覆盖的异频切换触发环节。

    A. A1   B. A2   C. B1   D. B2

2. 简答题

（1）SA 组网下切换的基础流程包括哪几个环节？

（2）简述 UE 进行小区搜索的过程。

Chapter

7

第 7 章
5G 信令流程

信令是一种消息机制，通过这种机制，通信网用户终端以及各个业务节点之间可以互相交换各自的状态信息，还能提出对其他设备的接续要求，从而使网络作为一个整体运行。

本章将对 5G NSA 和 SA 组网接入信令流程、移动性管理切换信令流程进行介绍，并对其中具体的信令步骤进行解读，以帮助读者加深对 NR 信令流程的理解。

课堂学习目标

● 掌握 5G 信令流程基础知识

● 掌握 5G NSA 组网接入和移动性管理流程

● 掌握 5G SA 组网接入和移动性管理流程

7.1 5G 信令流程基础

由于 5G 网络架构有 NSA 组网和 SA 组网两种模式，所以信令也分为 NSA 组网信令流程和 SA 组网信令流程。NSA 组网时控制面在 4G 侧，所以 NSA 组网信令流程遵循 4G 的信令流程；5G SA 组网采用了独立的 5G 核心网，信令流程也采用独立的信令流程。同时，信令流程中也会涉及网络架构和用户标识信息。

7.1.1 5G 网络基本架构

相比于 4G，5G SA 网络架构控制面与用户面的分离更为彻底，SA 网络架构中包括了 NGC 和 NR-RAN 两部分，其主要网元如图 7-1 所示。

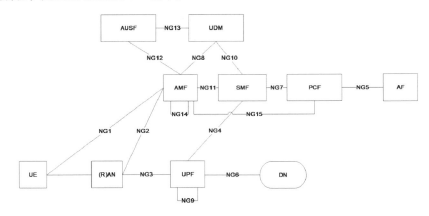

图 7-1 SA 网络架构的主要网元

5G 的无线网络称为 NR-RAN，对应的网元是 gNodeB，主要功能和 eNodeB 基本类似，包括无线资源管理、无线承载控制、无线准入控制、移动性控制、调度等。5G 的核心网称之为 NGC，包含了 AMF、UPF、SMF 等网元，具体网元功能如下。

（1）AMF：主要负责注册管理、连接管理、可达性管理、移动性管理、接入鉴权、合法监听、转发 UE 和 SMF 间会话管理的消息。

（2）SMF：主要负责会话管理、UE IP 地址的分配和管理、选择和控制 UPF、配置 UPF 的流量定向、转发至合适的目的网络、策略控制和 QoS、合法监听、计费数据搜集、下行数据到达通知。

（3）UPF：数据面锚点，主要负责连接数据网络的 PDU 会话点、报文路由和转发、流量使用量上报、合法监听。

（4）UDM：主要负责签约数据管理、用户服务 NF 注册管理、产生 3GPP AKA 鉴权参数、基于签约数据的接入授权、保证业务/会话连续性。

（5）AUSF：支持鉴权服务功能。

（6）PCF：支持统一策略管理网络行为，提供策略规则给控制面功能，访问 UDR 中与策略决策相关的签约信息。

7.1.2 NR 用户标识

1. AS 层 UE 标识

表 7-1 所示为无线网络临时标识（Radio Network Temporary Identifier，RNTI），是无线侧 RRC 连

接中用户的临时身份标识，长度固定为 32bit。其中，RA-RNTI 和 Temporary CRNTI 是随机接入过程中的临时标识，当 UE 进入 RRC Connect 状态以后，临时标识变成 C-RNTI，该标识实际值等于 Temporary CRNTI，CS-CRNTI 用于半静态调度场景，P-RNTI 和 SI-RNTI 固定用于寻呼和系统广播消息的调度，在全网范围内为固定值。

表 7-1　无线网络临时标识

标识类型	应用场景	获得方式
RA-RNTI	随机接入中，用于 MSG2 的调度	根据 PRACH 的时频位置获取
TC-RNTI	随机接入中，没有竞争解决前的 RNTI	MSG2 消息中分配给 UE
CS-RNTI	半静态调度标识	在 UE 进入半静态时分配
P-RNTI	寻呼消息的调度	FFFE(固定值)
SI-RNTI	系统广播消息的调度	FFFF(固定值)
I-RNTI	用于 RAN 寻呼标识用户	gNodeB 分配的临时 ID

2. NAS 层 UE 标识

表 7-2 所示为 UE 和核心网交互信令的非接入层用户身份标识。其中，IMSI 和 IMEI 都是 UE 的私有身份标识；5G-GUTI 是由 AMF 分配的用于替代用户的 IMSI 标识，用以保证用户私有信息的安全性。

表 7-2　非接入层用户身份标识

用户标识	来源	作用
IMSI	SIM 卡	作为用户的身份标识，存储在 SIM 卡中
IMEI	终端硬件	UE 设备标识
5G-GUTI	AMF 分配	临时代替 IMSI，提高安全性

7.2　NR 接入流程

接入流程是 5G 流程中最基础的部分，终端开机之后需要通过该流程与网络侧取得联系，接入流程包括下行同步、上行同步、注册等子流程。

7.2.1　同步流程

5G 的初始接入流程按照 NSA 组网及 SA 组网类型的不同分为两种流程，在 NSA 网络中，终端需要先在 4G 中完成初始接入流程；在 SA 网络中，终端则直接在 5G 中完成初始接入，图 7-2 所示为 NR 初始接入的整体流程。

V7-1 NR 同步流程

（1）小区搜索是 UE 实现与基站下行时频同步并获取服务小区 ID 的过程。小区搜索分为两个步骤：第一步，UE 解调主同步信号（Primary Synchronization Signal，PSS）获取小区组内 ID；第二步，UE 解调辅同步信号（Secondary Synchronization Signal，SSS）并获取小区组 ID，结合小区组内 ID，最终获得小区的物理小区标识(PCI)。

（2）通过搜索 SSB（PSS+SSS+PBCH）读取 PBCH 并获得 MIB 消息，再通过读取 PDSCH 获得系统消息。从这些系统消息中可以获取到终端接入网络的必要消息，如小区接入最小电平等参数，从而完成下行小区驻留。

（3）UE 通过随机接入流程建立或恢复上行同步，新开机 UE、空闲态 UE、失步态 UE 以及切换入 UE 都通过随机接入完成和基站的上行同步进入同步态。

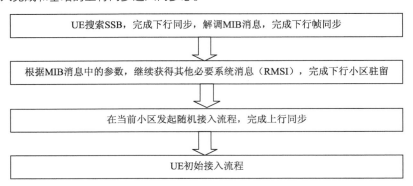

图 7-2　NR 初始接入的整体流程

（4）对于 NSA 组网场景，随机接入成功后，终端即可在 4G 及 5G 网络中通过双连接进行数据传输，在双连接的两个基站中，提供控制面的站点为主站（如 MeNB），另一个为辅站（如 SgNB）；对于 SA 组网场景，完成随机接入之后，终端随即进行注册流程。

7.2.2　NSA 组网接入流程

NSA 组网接入流程主要包含 4 个流程：4G 初始接入流程、5G 邻区测量流程、5G 辅站添加流程和路径转换流程，如图 7-3 所示。

V7-2 NSA 组网接入流程

1．4G 初始接入流程

UE 在 LTE 网络中完成上下行同步后，向 4G 基站发起随机接入和 RRC 建立、鉴权加密、UE 能力查询、无线加密、空中接口承载建立等流程，其整体流程和 4G 接入流程基本一致。

2．5G 邻区测量流程

在 LTE 网络接入成功之后，eNodeB 会发送测量控制信令指示 UE 测量 NR 信号电平，测量控制消息中包括测量事件 B1 及 NR 的频点号，UE 测量到 NR 信号满足异系统测量 B1 事件后，会上报 B1 测量报告。终端进入 B1 事件的条件为 Mn+Ofn+Ocn−Hys>Thresh，其中，Mn 为 5G 小区信号强度，Ofn 表示 5G 的频率偏置，Ocn 表示 5G 邻小区偏移量，Hys 表示同频切换幅度迟滞，Thresh 表示 B1 门限。

3．5G 辅站添加流程

LTE 基站在收到 B1 测量报告之后，根据 B1 测量报告中的 5G 邻区消息，LTE 网络向 5G 基站发起辅站添加流程。

（1）MeNB 收到 B1 测量报告后，选择报告中 RSRP 最强的 NR 小区，触发 SgNB Addition 流程。MeNB 向 SgNB 发送 SgNB Addition Request 消息，请求 SgNB 分配无线资源。请求消息中携带分承载信息（如 E-RAB 参数、传输地址）等，此外，MeNB 在 SCG-ConfigInfo 中包含了 MCG 配置（DRB 配置、小区配置、SCG 承载的加密算法等）、UE 能力等信息。SgNB 可以拒绝该请求，若接受，则建立对应的无线承载。

（2）当 SgNB 判断准入完成并分配资源后，向 MeNB 返回 SgNB Addition Request Acknowledge 响应消息。在 SCG-Config 中携带 5G 的空中接口配置信息。

（3）MeNB 向 UE 发送 RRC Connection Reconfiguration 消息，包括 NR RRC 配置信息。

（4）UE 接收到 RRC 重配置信息后完成重配置，并向 MeNB 反馈 RRC Connection Reconfiguration Complete 消息，包括 NR RRC 响应消息。若 UE 未能完成包括在 RRC Connection Reconfiguration 消息中的配置，则启动重配置失败流程。

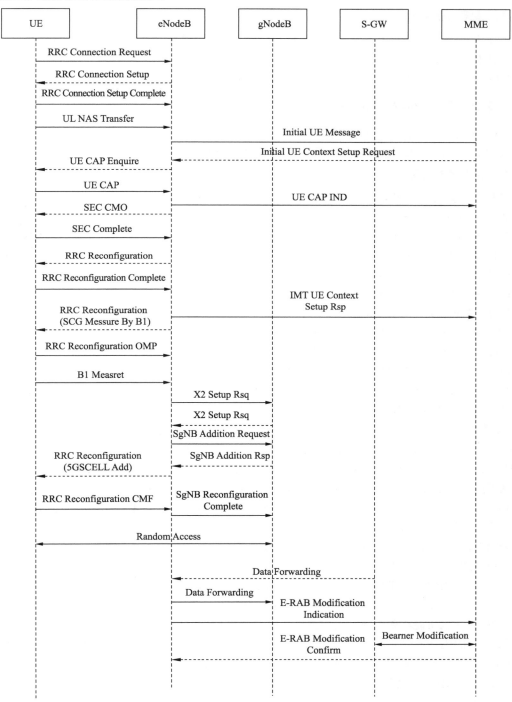

图 7-3　NSA 组网接入流程

（5）MeNB 通过向 SgNB 发送 SgNB Reconfiguration Complete 消息，向 SgNB 确认 UE 已完成重配流程，消息中包含 NR RRC 响应消息。

（6）UE 执行到 NR 的同步，发起向 SgNB 的随机接入流程。

4. 路径转换流程

（1）在 NSA Option3X 场景下，S-GW 到无线侧的用户面还是在 4G 侧，因此，在 5G 辅站添加成功之后，需要将 UE 的用户面倒换至 NR 侧。

（2）eNodeB 根据 5G 邻区信息，向核心网发起路径转换流程。

7.2.3 SA 组网接入流程

SA 组网时，终端在在 NR 接入后向 NGC 发起注册流程，整体注册流程和 4G 类似，包括随机接入、RRC 建立、UE 能力查询、鉴权加密等流程，但 5G 中的注册和会话建立是独立的流程。

1. 随机接入流程

随机接入流程是 UE 开始和网络通信之前的接入流程，指由 UE 向系统请求接入，收到系统的响应并分配信道的过程。随机接入的目的是建立和网络上行的同步关系以及请求网络分配给 UE 专用资源，进行正常的业务传输。NR 系统的随机接入产生的原因包括以下几种。

V7-3 NR 随机接入流程

（1）从 RRC_IDLE 状态接入。

（2）无线链路失败而发起随机接入。

（3）切换过程需要随机接入。

（4）UE 处于 RRC_CONNECTED 时有上行数据到达。

（5）UE 处于 RRC_CONNECTED 时有下行数据到达。

（6）当 UE 需要获取系统消息时，也可以发起随机接入。

随机接入流程总体上 LTE 和 NR 并无太大区别，由于 NR 默认支持波束赋形，所以 UE 需要检测并选择用于发送 PRACH 的最佳波束。其他流程（如 LTE RACH 和 NR RACH 过程）没有根本区别。此外，随机接入根据随机接入过程的不同分为两种：基于竞争的随机接入和基于非竞争的随机接入。如果前导（Preamble）码由 UE 选择，则为基于竞争的随机接入；如果 Preamble 码由网络分配，则为基于非竞争的随机接入。切换过程和有下行数据到达的情况下使用基于非竞争的随机接入，其他使用基于竞争的随机接入。基于竞争的随机接入和基于非竞争的随机接入的 Preamble 码归属于不同的分组，互不冲突。在基于竞争的随机接入过程中，接入的结果具有随机性，并不能保证 100% 成功；在基于非竞争的随机接入过程中，gNodeB 为 UE 分配专用的 RACH 资源进行接入，但当专用的 RACH 资源不足时，gNodeB 会指示 UE 发起基于竞争的随机接入。

SA 组网基于竞争的随机接入流程如图 7-4 所示，包含以下 4 个步骤。

（1）UE 发送随机接入前导——MSG1：消息中携带了 Preamble 码。

（2）gNodeB 发送随机接入响应——MSG2：gNodeB 侧接收到 MSG1 后，返回随机接入响应，该消息中携带了 TA 调整和上行授权指令以及 TC-RNTI。

（3）UE 进行上行调度发送——MSG3：UE 收到 MSG2 后，判断是否属于自己的随机接入消息（利用 Preamble ID 核对），并发送 MSG3 消息，携带 UE ID。

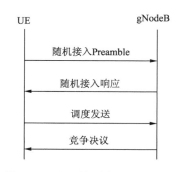

图 7-4 SA 组网基于竞争的随机接入流程

（4）gNodeB 进行竞争决议——MSG4：UE 正确接收 MSG4，完成竞争决议。

2. 注册流程

完成随机接入流程后进入空中接口 RRC 建立阶段，RRC 建立过程参考 NSA RRC 建立过程，完成后终端将会触发到核心网的 NAS 层注册流程，NAS 层将对用户的合法性和安全性进行验证，如图 7-5 所示。

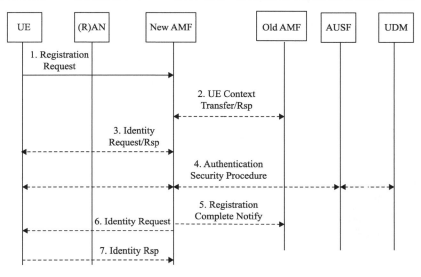

图 7-5　SA 组网注册流程

（1）UE 向 AMF 发送 RM-NAS 注册请求，注册请求中包括注册类型、SUCI 或 SUPI 或 5G-GUTI、安全参数、Requested NSSAI、UE 的 5GC 能力等。

（2）若注册请求中包含 UE 的 5G-GUTI，且服务的 AMF 改变，则新 AMF 向旧 AMF 发送 UEContextTransfer 消息请求 UE 的上下文信息，旧 AMF 向新 AMF 发送响应信息，该响应信息中包含 UE 的 SUPI、移动性管理上下文、SMF 信息等。

（3）可选流程，若在之前的步骤中，SUPI 没有被 UE 提供，且没有从旧 AMF 取回，则新 AMF 向 UE 发送身份请求消息来请求 UE 的 SUCI。

（4）可选流程，AMF 可以通过请求 AUSF 发起 UE 鉴权。在这种情况下，AMF 需要根据 SUPI 或 SUCI 选择一个 AUSF。

（5）可选流程，若 AMF 发生改变，则新 AMF 通知旧 AMF UE 在新 AMF 中的注册已完成。

（6）可选流程，AMF 也可以发起查询终端标识 IMEI 的合法性的查询。

（7）终端回复 IMEI。

完成身份验证和安全流程之后，终端将会触发 NAS 层注册信令流程，如图 7-6 所示。

（8）如图 7-6 中的 8a～8c 所示，若 AMF 与上次注册的 AMF 不同，或 UE 提供的标识不能指向 AMF 中的有效上下文，则新 AMF 会将用户注册到 UDM，UDM 保存 AMF 标识以及其关联的接入类型。AMF 从 UDM 取回接入和移动性签约数据以及 SMF 选择签约数据。新 AMF 提供服务 UE 的接入类型给 UDM，且接入类型被设置为 3GPP 接入。新 AMF 在从 UDM 获取到移动性签约上下文后建立一个 UE 的 MM 上下文并向 UDM 订阅相关状态。如图 7-6 中的 8d 所示，当 UDM 将 UE 关联的接入类型和服务 AMF 一起存储起来时，UDM 将发送 Deregistration Notify 消息到用户之前接入的旧 AMF，旧 AMF 将移除 UE 的 MM 上下文。

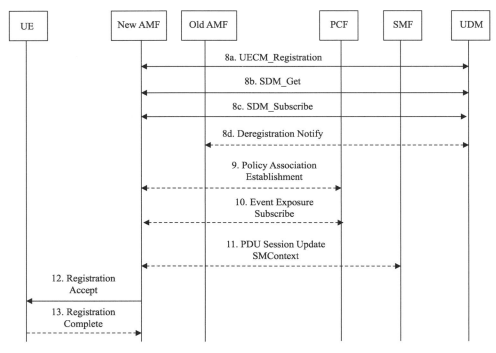

图 7-6　NSA 层注册信令流程

（9）若 AMF 发起 PCF 通信，则获取用户计费策略。

（10）PCF 可能请求 UE 事件订阅。

（11）可选流程，若在步骤（1）的注册请求中包含"需要被唤醒的 PDU 会话"，则 AMF 请求 PDU 会话相关的 SMF 来激活 PDU 会话的用户面连接。

（12）新 AMF 向 UE 发送注册接受消息（5G-GUTI、注册区域、移动性限制、PDU 会话状态、Allowed NSSAI、周期性注册计时器、IMS 语音在 PS 会话支持上的指示、紧急服务支持指示），通知 UE 注册请求被接受。

（13）可选流程，若新的 5G-GUTI 被分配，则 UE 发送注册完成消息到 AMF 以进行确认。

7.3　NSA 移动性管理流程

移动性管理流程是 UE 在连接态下的切换流程，切换是指 UE 在连接状态下在不同的小区间发生移动，完成 UE 上下文更新的过程。在 NSA 组网场景下，系统内的切换类型可分为 6 种，如图 7-7 所示。

SgNB 站内切换称为 SgNB Modification 流程，SgNB 站间切换称为 SgNB Change 流程。切换用到的切换事件主要是 A3 事件，A3 事件表示邻区信号质量比服务小区信号质量好，终端进入 A3 事件的条件如下。

V7-4 NSA 移动性管理流程

$$Mn+Ofn+Ocn-Hys>Mp+Ofp+Ocp+Off$$

其中，Mp 表示邻区测量结果，Mn 表示服务小区测量结果，Ofp/Ofn 表示服务小区的频率偏置和其他频点对应的频率偏置，Ocp 表示服务小区偏置，Ocn 表示邻小区偏移量，Hys 表示同频切换幅度迟滞。5G 小区之间进行切换时，可以通过调整以上参数来控制切换的难易程度。

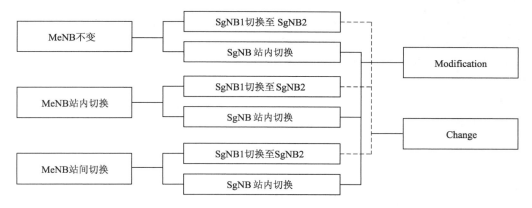

图 7-7　NSA 组网切换类型

7.3.1　SgNB Modification 流程

当终端测量到邻区 5G 信号和当前服务小区的 5G 小区满足 A3 事件后,终端会上报 A3 测量报告给 4G 基站,再由 4G 基站将 A3 测量报告转给 5G 基站,当 5G 基站识别目标 5G 小区为当前 SgNB 基站内的小区时,触发 SgNB Modification 流程,如图 7-8 所示。

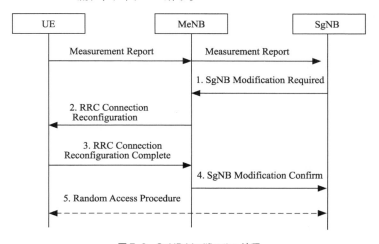

图 7-8　SgNB Modification 流程

终端测量周围相邻小区 5G 信号,当满足 A3 事件后会上报 A3 测量报告给 MeNB, MeNB 再通过 X2 接口转发给 SgNB。

(1) 若 SgNB 决定切换,则 SgNB 会向 MeNB 发送 SgNB Modification Required 消息触发 SgNB Modification 流程。

(2) MeNB 向 UE 发送 RRC Connection Reconfiguration 消息,包括 NR RRC 配置消息。

(3) UE 接收到 RRC 重配置消息后完成重配置,并向 MeNB 反馈 RRC Connection Reconfiguration Complete 消息,包括 NR RRC 响应消息。

(4) UE 成功完成重配后,MeNB 向 SgNB 发送 SgNB Modification Confirm 消息。

(5) UE 执行到 SgNB 的同步,完成 SgNB 的随机接入流程。

7.3.2 SgNB Change 流程

当 NR 小区的覆盖变差时，根据 A3 测量门限可以选择相邻基站的小区进行切换。相比于站内切换，异站辅站切换过程中增加了目标辅站添加（SgNB Addition Request）和目标辅站重配置确认（RRC Connection Reconfiguration Complete），如图 7-9 所示。

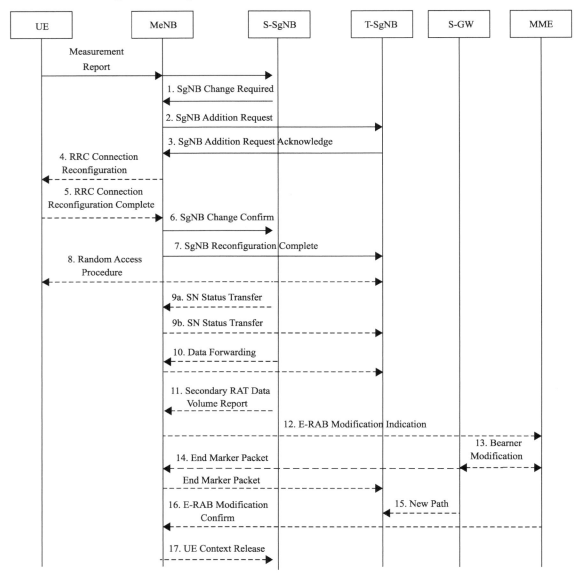

图 7-9　SgNB Change 流程

当 SgNB 收到 MeNB 转发的 A3 测量报告后，选择报告中 RSRP 最强 NR 小区作为目标 NR 切换小区。

（1）源 SgNB 通过向 MeNB 发送 SgNB Change Required 消息触发 SgNB Change 流程，消息中包括目标 SgNB ID 信息和测量结果等。

（2）MeNB 通过向目标 SgNB 发送 SgNB Addition Request 消息，向目标 SgNB 请求为 UE 分配资源，

消息中包括源 SgNB 测量得到的目标 SgNB 的测量结果。

（3）SgNB 对 MeNB 的请求进行响应，在响应消息中携带了和承载及接入相关的 RRC 配置信息。

（4）MeNB 向 UE 发送 RRC Connection Reconfiguration 消息，包括 NR RRC 配置消息。

（5）UE 接收到 RRC 重配置消息后完成重配置，并向 MeNB 反馈 RRC Connection Reconfiguration Complete 消息，包括 NR RRC 响应消息。若 UE 未能完成包括在 RRC Connection Reconfiguration 消息中的配置，则启动重配置失败流程。

（6）若目标 SgNB 成功分配资源，则 MeNB 确认源 SgNB 资源的释放，向源 SgNB 发送 SgNB Change Confirm 消息。

（7）若 RRC 连接重配流程完成，则 MeNB 通过向目标 SgNB 发送 SgNB Reconfiguration Complete 消息确认重配完成。

（8）UE 执行到 SgNB 的同步，发起向 SgNB 的随机接入流程。

（9）可选流程，对于承载类型变更场景，为了减少当前服务中断时间，需要进行 MeNB 和 SgNB 间的数据转发准备。

（10）数据转发。

（11）可选流程，SgNB 上报 NR 流量给 MeNB。

（12）图 7-9 中步骤 12～16 所示为路径转换流程，对于相关分流模式，执行 SgNB 和 EPC 之间的用户面路径更新，即通过 E-RAB Modification Indication 指示核心网将 E-RAB 的 S1-U 接口连接到 SgNB。

（13）如图 7-9 中步骤 17 所示，源 SgNB 收到 UE Context Release 消息后，释放 UE 上下文。

7.4　SA 移动性管理流程

SA 移动性管理流程包括站内切换、Xn 切换、NG 切换，切换使用的事件主要包括 A3、A4、A5，终端进入各事件的条件如下所示。其中，Mp 表示邻区测量结果，Mn 表示服务小区测量结果，Ofp/Ofn 表示服务小区的频率偏置和其他频点对应的频率偏置，Ocp 表示服务小区偏置，Ocn 表示邻小区偏移量，Hys 表示同频切换幅度迟滞。5G 小区之间切换时，可以通过调整以上参数来控制切换的难易程度。

（1）A3 事件：表示邻区信号质量比服务小区信号质量好，触发条件如下。

$$Mn+Ofn+Ocn-Hys>Mp+Ofp+Ocp+Off$$

（2）A4 事件：表示邻区信号质量比一个固定门限质量好，Thresh 表示固定门限，其他参数和 A3 事件一致，触发条件如下。

$$Mn+Ofn+Ocn-Hys>Thresh$$

（3）A5 事件：表示邻区信号质量比一个固定门限 2 质量好，而且服务小区信号质量要低于固定门限 1，其他参数和 A3 事件一致，触发条件如下。

服务小区信号质量低于固定门限 1，即 Mp+Hys<Thresh1；且邻区信号质量高于固定门限 2，即 Mn+Ofn+Ocn-Hys>Thresh2。

7.4.1　站内切换流程

当 UE 在同一个基站下不同小区间移动时，将会触发站内切换流程，如图 7-10 所示。

（1）UE 上报邻区测量报告。

（2）gNodeB 根据测量报告携带的 PCI，判决切换的目标小区与服务小区同属一个 gNodeB 并启动站内切换流程，基站下发切换命令。

（3）UE 在目标小区发起非竞争的随机接入 MSG1，携带专用 Preamble。

（4）gNodeB-DU 侧回复 MSG2 RAR 消息。

（5）UE 给 gNodeB 回复 RRC Reconfiguration Complete 消息，UE 接入到目标小区。

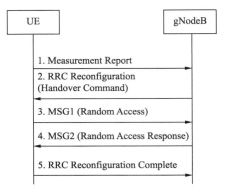

图 7-10　站内切换流程

7.4.2　Xn 站间切换流程

当 UE 在不同基站间移动时，将会触发站间切换流程，站间切换可以通过 Xn 接口传递，如图 7-11 所示。

V7-5 Xn 站间切换流程

（1）UE 测量邻区并判定达到判决事件条件后，上报测量报告给源 gNodeB。

（2）源 gNodeB 收到测量报告后，根据测量结果向选择的目标小区所在的 gNodeB 发起切换请求。

（3）目标 gNodeB 收到切换请求后，进行准入控制，允许准入后分配 UE 资源并回复消息 Handover Request Acknowledge 给源 gNodeB，允许切换入。

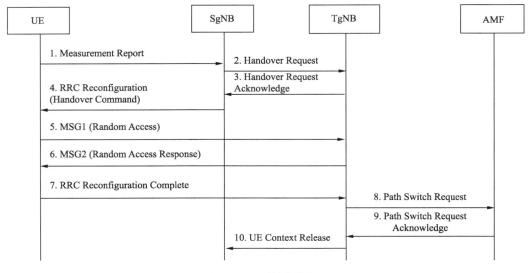

图 7-11　Xn 站间切换流程

（4）源 gNodeB 发送 RRC Reconfiguration 给 UE，要求 UE 执行切换到目标小区操作。

（5）UE 在目标小区发起随机接入。

（6）目标小区回复随机接入响应消息 MSG2，为 UE 分配资源。

（7）UE 发送 RRC Reconfiguration Complete 给目标 gNodeB，UE 空中接口切换到目标小区操作完成。

（8）目标 gNodeB 向 AMF 发送 Path Switch Request 消息通知 UE 已经改变小区，核心网收到消息后，更新下行 GTPU 数据面，将 RAN 侧的 GTPU 地址修改为目标 gNodeB。

（9）AMF 向目标 gNodeB 回应 Path Switch Request Acknowledge 消息。

（10）目标 gNodeB 向源 gNodeB 发送 UE Context Release 消息，源 gNodeB 释放已切换的用户。

7.4.3　NG 站间切换流程

当 UE 在不同基站间移动时，将会触发站间切换流程，站间切换也可以通过 NG 接口传递，如图 7-12 所示。

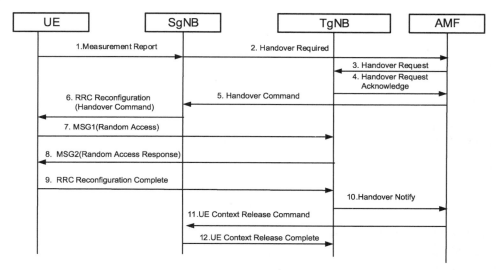

图 7-12　NG 站间切换流程

（1）UE 根据收到的测量控制消息执行测量。UE 测量并判定达到事件条件后，将测量报告上报给 gNodeB。

（2）源 gNodeB 收到测量报告后，根据测量结果向 AMF 发送 Handover Required 消息请求切换，消息中包含目标 gNodeBID。

（3）AMF 向指定的目标小区所在的 gNodeB 发起 Handover Request 切换请求，gNodeB 根据消息中的 TraceID、SPID 识别出用户。

（4）目标 gNodeB 回复 Handover Request Acknowledge 消息给 AMF，允许切换。

（5）AMF 向源 gNodeB 发送 Handover Command 消息，消息中包含地址、用于转发的 TEID 列表、需要释放的承载列表。

（6）源 gNodeB 发送 RRC Reconfiguration 消息给 UE，要求 UE 执行切换到目标小区操作。

（7）UE 在目标小区发起随机接入。

（8）目标小区回复随机接入响应消息 MSG2，为 UE 分配资源。

（9）UE 发送 RRC Reconfiguration Complete 消息给目标 gNodeB，UE 空中接口切换到目标小区操作完成。

（10）目标 gNodeB 发送 Handover Notify 消息给 AMF，通知 UE 已经接入到目标小区，基于 NG 接口的切换已经完成。

（11）AMF 向源 gNodeB 发送 UE Context Release Command 消息，源 gNodeB 释放切换的用户。

（12）源 gNodeB 向 AMF 回复 UE Context Release Complete 消息，切换流程完成。

7.5 RRC 状态转换流程

5G 的 RRC 状态主要包括空闲态、连接态和去激活态，3 个状态之间可以相互转换，如图 7-13 所示。其中，RRC 去激活态便于网络在需要传输数据时快速恢复连接，同时兼顾了终端省电的需求，在此状态下，RAN 与核心网侧依然是连接态，UE 和 RAN 间的信令是释放的。

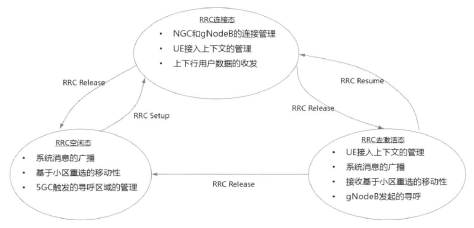

图 7-13　RRC 状态转换流程

（1）RRC 连接态向去激活态转换。gNodeB 直接通过 RRC Release 消息指示 UE 进入 RRC Inactive 状态，同时也可以向 AMF 上报 RRC Inactive Transition Report Request 消息，AMF 收到消息后可以进行相应的处理，RRC Release 消息中包含 Release Cause（指示本次释放原因为 Suspend）、I-RNTI（基站分配的临时标识）、周期无线寻呼区的更新定时器（用于 UE 触发周期 RNA 更新）等，如图 7-14 所示。

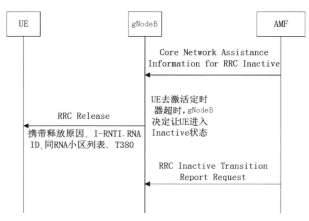

图 7-14　RRC 连接态向去激活态转换流程

（2）上下文释放流程（RRC 连接态向空闲态转换）主要包含两种场景，一种是 RRC 连接态向空闲态转换（gNodeB 触发的释放、gNodeB 中的定时器超时导致的切换及其他无线原因），gNodeB 向 MME 发送 UE Context Release Request 消息；另一种是 UE 注销发起的上下文释放（核心网触发的释放），核心网触发的释放和无线触发的释放流程基本一样，主要区别在于无线触发的释放的第一条消息是 gNodeB 发起的释放请求。RRC 连接态向空闲态转换流程如图 7-15 所示。

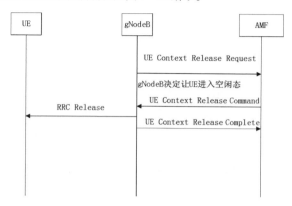

图 7-15　RRC 连接态向空闲态转换流程

（3）RRC 去激活态向连接态转换。支持 RRC Resume 的终端可以发起 RRC Resume 流程。首先，由 UE 发起 RRC Connection Resume 请求，当前 gNodeB 收到请求后，如果当前 gNodeB 中不存在 UE 的上下文信息，则当前 gNodeB 可以通过 Xn 接口寻找到源 gNodeB，进而获取 UE 上下文信息；当前 gNodeB 获取到上下文信息后，可以直接在空中接口响应 UE 的 RRC 恢复流程以恢复 UE 的所有会话信息，如果 gNodeB 发生变更，则当前 gNodeB 还需向 AMF 发起 NG-U 的路径变更流程，将 gNodeB 到 UPF 的路径转换到当前终端驻留的基站；此后，终端当前驻留的 gNodeB 通知源 gNodeB 释放 UE 上下文，如图 7-16 所示。

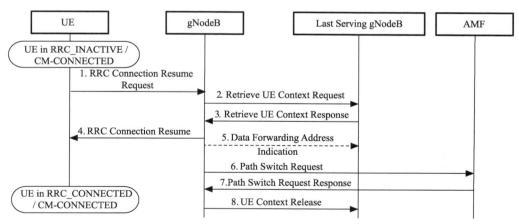

图 7-16　RRC 去激活态向连接态转换流程

（4）RRC 空闲态向连接态转换。如果是下行数据到达 UPF 触发的，由于空闲态的 UE 中不存在 NGU 上下文信息，所以需要 UPF 通知到 AMF，再由 AMF 发起寻呼消息寻呼 UE，收到寻呼消息后再发起业务请求流程；如果是上行数据触发的，则 UE 直接发起业务请求流程。从信令流程上来看，业务请求流程和 UE 在 NSA 组网中的接入流程类似，同时，SA 组网中的初始注册流程中的 RRC 过程也类似于此流程，如图 7-17 所示。

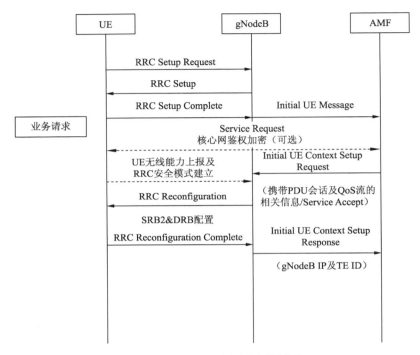

图 7-17　RRC 空闲态向连接态转换流程

本章小结

　　本章首先介绍了 5G 网络架构及相关用户和终端标识，包括 AS 层标识 RNTI 和 NAS 层标识 5G-GUTI、IMSI、IMEI；其次，讲解了 5G 接入信令流程，包括 NSA 组网和 SA 组网接入流程；最后，重点讲解了 NSA 和 SA 组网模式下的移动性管理，包括站内切换、Xn 切换、NG 切换及 RRC 层状态转换流程。

　　通过本章的学习，读者应该对 5G 信令流程有一定的了解，能够充分理解接入信令和移动性信令的触发场景和流程，懂得 NSA 和 SA 组网信令流程的区别，熟悉 RRC 状态转换的意义。

课后练习

1．选择题

（1）在 NSA 辅站添加过程中，UE 通过（　　　）事件上报 gNodeB 的信号质量。

　　A．A4　　　　　　　　B．B1　　　　　　　　C．B2　　　　　　　　D．A5

（2）在 NGC 中，（　　　）网络功能负责终端的移动性管理。

　　A．AMF　　　　　　　B．SMF　　　　　　　C．AUSF　　　　　　　D．UPF

（3）以下属于 NGC 的用户面网元的是（　　　）。

　　A．AMF　　　　　　　B．PCRF　　　　　　　C．UPF　　　　　　　D．SMF

（4）以下属于制定策略与计费网元的是（　　　）。

A.　AMF　　　　　　　B.　PCF　　　　　　　　C.　UPF　　　　　　D.　SMF

（5）以下属于 UE 标识（NAS 层）的是（　　　）。

A.　RA-RNTI　　　　B.　C-RNTI　　　　　　C.　TC-RNTI　　　　D.　5G-GUTI

（6）SA 组网下终端在 RRC 的状态主要包括（　　　）。

A.　空闲态　　　　　B.　连接态　　　　　　C.　去激活态　　　　D.　挂起态

（7）SgNB 站间切换会触发（　　　）流程。

A.　SgNB Change　　B.　重选　　　　　　　C.　X2 切换　　　　　D.　SgNB Modification

（8）（多选题）在 NSA 组网场景下的辅站添加流程中，Xn 接口信令包括（　　　）。

A.　SgNB Addition Request Acknowledge

B.　SgNB Addition Request

C.　RRC Connection Reconfiguration

D.　SgNB Modification

2.　简答题

UE 通过读取哪些信号获取小区的 PCI？PCI 一共有多少个？

Chapter

8

第 8 章
5G 基站勘测

5G 基站的无线网络勘测设计直接影响着 5G 无线网络的性能和建设成本。

本章主要介绍 5G 站点勘测前的准备工作、机房勘测、设备勘测、天面勘测、GPS 勘测的工作内容及注意事项，以及勘测设计的注意事项和基站选址的原则。

课堂学习目标

- 了解基站勘测流程
- 掌握勘测前的准备工作
- 掌握站点勘测的详细过程
- 掌握勘测结束后勘测报告的输出

Communication

8.1 基站勘测流程

在进行无线网络规划之前，需要对可用的站点资源进行了解，在网络规模确定后，选择合适的站点进行详细设计。在移动通信网络建设过程中，基站勘测结果作为天馈系统安装施工的依据，直接影响着工程质量和进度，是工程中的关键工作之一。基站详细勘测主要包括记录基站的经纬度、站高，绘制天面平面图和周围环境平面图，记录机房的空间大小、机房承重能力、电源等是否满足要求，确定天线方位角、下倾角，确定天线在天面的安装位置等。

基站勘测流程如图 8-1 所示。根据网络规划目标以及无线网络预规划报告提供的站点列表，对每一个候选站点进行详细勘测，输出每一个站点的勘测报告，根据候选站点的优先级和可获得性确定最终的站址。

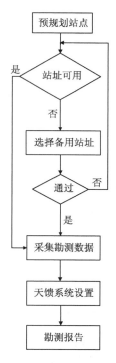

图 8-1　基站勘测流程

勘测数据是要获得的备选站点的详细信息，包括站高、经纬度、天面详细信息、基站周围传播环境等；以及天馈系统设置信息，包括天线的高度、方向角、隔离度要求等。

基站勘测要求勘测人员对移动通信技术体系全面了解，包括以下 4 个方面。

（1）移动通信系统的空中接口。

（2）基站设备的技术性能。

（3）天馈系统知识。

（4）无线传播理论的基础知识。

8.2 勘测准备

基站在详细的勘测之前需要做的准备包括工具和仪器准备、勘测相关资料准备及召开勘测协调会。

8.2.1 工具和仪器准备

在基站勘测的过程中，为了能够获取相关信息，需要使用相关工具和仪器。常用的工具和仪器如表 8-1 所示。

表 8-1 常用的工具和仪器

工具和仪器名称	用　途	注意事项
数码照相机	拍摄基站周围无线传播环境、天面信息及共站址信息	携带照相机充电器和充好电的电池
GPS	确定基站的经纬度	GPS 中显示搜索到 3 颗以上卫星时才可用，所处位置要求尽量开阔。投影格式设置为 WGS84，度数显示设置为 XX.XXXX°。 在运营商没有要求的情况下采用。在一个地区首次使用 GPS 时，要求开机等待 10min 以上，以保证精度。根据地图椭球格式的不同，经纬度有不同格式，在 GPS 中要进行设置。常用的 GPS 中有一百多种格式，默认使用 WGS84 格式
指南针	确定天线方位角	使用时注意不要靠近金属物质，不要将指南针直接放到屋顶，以免受到磁化而影响精度。在磁化比较严重的地区（如周围金属物体比较多、有微波等装置），建议使用某些 GPS 的电子罗盘功能
便携式计算机	记录、保存和输出数据	记录勘测数据时使用油性笔，特别是在雨天环境中，纸件容易被雨水打湿，使用水笔时，字迹将变得模糊甚至消失，对勘测报告的编写造成不良影响。在北方，冬季时最好使用铅笔，因为有些季节水笔、油笔都难以写出字迹
地图	当地行政区域纸面地图，显示勘测地区的地理信息	使用纸面地图的时候，注意纸面地图的处理方式，部分城市的纸面地图是经过变形处理的，从纸面地图上画出的站点位置不一定准确
卷尺	测量长度信息	无
望远镜（可选）	观察周围环境	无
激光测距仪（可选）	测量建筑物高度以及周围建筑物距勘测站点的距离等	测量建筑物高度的最好方法是使用激光测距仪，使用激光测距仪测量建筑物高度时需减去测量时激光测距仪所在位置与楼面的距离。有时也可以使用卷尺或角度仪替代，使用卷尺可以准确地测量建筑物的高度，当不便使用卷尺的时候，可以利用角度仪和卷尺进行估算
角度仪（可选）	测量角度，用于推算建筑物高度	无

8.2.2 勘测相关资料准备

熟悉工程概况，尽量收集与项目相关的各种资料，主要包括以下内容。

（1）工程文件（主要是指与前期工程相关的一些文件，如已有站址分布情况，或者其他网络分布情况等）。

（2）基站勘测表。

（3）网络背景。

（4）当地地图。

（5）现有网络情况。

8.2.3　召开勘测协调会

在正式开始勘测前，应当集中所有相关人员（包括勘测及配合人员）召开勘测协调会，会议主要内容如下。

（1）了解当地电磁背景情况，必要时进行清频测试。

（2）落实勘测及配合人员。

（3）准备车辆、设备。

（4）制订勘测计划，确定勘测路线，如果时间紧张或需要勘测的区域比较大，则可划分成几组，同时进行勘测。

（5）与运营商交流，获得共站址站点已有天线系统的频段、最大发射功率、天线方位角等。

（6）如果涉及非运营商物业的楼宇或者铁塔，则需要向客户确认是否可以到达楼宇天面或铁塔。

（7）确认客户需要重点照顾的区域是否在本站点的覆盖范围内，勘测前需要明确这些重点覆盖区域。

（8）如果客户条件允许，最好能够要求客户安排熟悉路线和环境的工作人员一同前往，这样比较节约时间。

8.3　站点详细勘测

站点的勘测结果非常重要，直接影响着后续站点建设的合理性。只有准备充分的站点勘察数据才能给予基站建设很好的指导作用。而站点勘测主要包括站点环境勘测和天面勘测。

8.3.1　站点环境勘测

一旦基站位置确定下来，就要制订详细的基站勘测计划。详细勘测得到的结果用于网络规划、设备采购和工程建设。详细勘测内容包括建筑、传输、原有设备的安装位置等。针对 5G 基站，由于大部分沿用了原有 2G/3G/4G 基站的站址，因此，共站址的勘测工作主要是记录原有设备的情况，以判断其是否支持 5G 的站点建设。站点勘测目前主要还是依赖于人工上站进行拍照勘测，目前也有一些运营商已经开始启用无人机结合人工智能的一些技术来实现无人的远程勘测。本节将重点介绍人工勘测方法。

V8-1　站点环境勘测

1．站点的总体拍摄

照片可以直观反映勘测现场的真实情况，直接影响后期基站割接方案的制作质量。照片拍摄是基站勘测的重要内容，勘测工程师必须保证照片拍摄的质量和数量。下面是拍照的要求，可以根据实际情况在此基础上增加拍摄点和拍摄照片数量。如果没有设备，可以不进行拍照。

2．拍照内容及其要求

（1）基站全景照片：要求能够清楚地显示基站的全貌，最少拍摄 1 张照片。

（2）铁塔全景照片：要求能够清楚地显示铁塔的全貌，最少拍摄 1 张照片。

（3）天线照片：要求能够看清天线的全貌，最少拍摄 1 张照片。

（4）原机柜外视图和内视图：要求能够清楚地显示原机柜的安装位置、设备型号、射频模块和跳线的连接情况、供电和接地情况等，最少拍摄 4 张照片。

（5）新机柜安装位置：要求能够清楚地显示新机柜安装位置周围的情况，最少拍摄 3 张照片。

（6）走线架：要求清楚地显示走线架的安装位置和方式，单个走线架最少拍摄 2 张照片。

（7）传输设备外视图和内视图：要求清楚地显示传输设备的安装位置、设备型号。对于光纤传输设备，要求显示现网使用的端子及端子类型、传输设备空余端子数、光纤（BBU 与 RRU 之间的光纤）接头类型；对于微波传输设备，要求显示微波设备的型号、出线端子情况和标签（主要是传输局向），最少拍摄 4 张照片。

（8）机房外视图：要求清楚地显示机房的全貌，最少拍摄 1 张照片。

（9）机房内视图：要求显示机房所有设备及其空间情况，如果需要多张照片，则要求内容连贯，每张照片内有上一张图的一部分，最少拍摄 6 张照片。

（10）电源设备外视图和内视图：要求清楚地显示电源设备类型、现网电源线连接端子位置、新建设备电源端子连接位置、机柜空余端子、设备模块个数、电源设备空开使用情况、电源设备背面内部情况，最少拍摄 5 张照片。

（11）室外保护地排和室内保护地排：要求清楚地显示接地排的位置、使用的孔位和空余的孔位，最少拍摄 2 张照片。

（12）馈线窗室外视图和室内视图：要求清楚地显示窥窗的数量、安装位置、窥窗使用的孔位数量和剩余的孔位数量，单个窥窗最少拍摄 2 张照片。

（13）跳线全景图：跳线全景图要求包括从原机柜的射频端口到跳线、馈线连接端口之间的跳线全貌，要求清楚地显示跳线的走线方式、数量，至少拍摄 2 张照片。

（14）跳线馈线侧：要求清楚地显示跳线和馈线的连接情况，包括跳线、馈线的连接位置、连接端子类型，至少拍摄 2 张照片。

（15）辅助设备：如果原设备使用功分器、合路器、塔放、直放站、耦合器、室内馈线避雷器等辅助设备，则要求拍摄照片，以显示设备型号、安装位置、接头型号。注意，有部分辅助设备放在天馈室外部分，需要仔细查找、辨认。为了显示完整的现场情况，单个辅助设备最少拍摄 2 张照片，要求包括远景和近景。

（16）其他：勘测工程师可以拍摄基站的其他位置，尤其是可能影响基站安装的可疑部分。

3. 站点经纬度采集（针对新站址勘测）

为保证良好的接收信号，GPS 要放置在无障碍物阻挡的地方。在一个地区首次使用 GPS 时，要在开机后等待 10min 以上，以保证精度。GARMIN 系列的 GPS 有较高的精度，在同一地点两次开关机得到的经纬度数据距离相差不到 10m。

在勘测点空旷的地方使用 GPS 采集基站经纬度前，需要设置 GPS 的坐标格式为 WGS84，经纬度显示格式为 XX.XXXX°。如果运营商有其他的格式，也可以按照运营商的要求进行设置。为了保证良好的接收性能，GPS 要放置在无阻挡的地方。在一个地区首次使用 GPS 时，需要等待搜索到 3 颗卫星以上，以保证精度。GPS 接收机是靠计算 GPS 卫星的星座图来进行初步搜索的，如果将当地大致的经纬度信息输入 GPS 接收机，则可以大大加快 GPS 定位速度。

4. 站点周围传播环境（针对新站址勘测）

基站的选址往往带有一些主观和理想化的因素，为确保所选站址是合理而有效的，并且为规划和将来的优化提供依据，对站址周围的环境信息进行采集是很有必要的。主要考虑周围的传播环境对覆盖会产生哪些影响，并根据周围环境特点合理规划天线的方位角和下倾角。如果所选站址周围传播环境不能满足要求，则要考虑重新选用备用站址或者重新选址。具体勘测步骤如下。

（1）从正北方向开始，记录基站周围 500m 范围内各个方向上与天线高度差不多或者比天线高的建筑物、自然障碍物等的高度和到本站的距离。在基站勘测表中描述基站周围信息，将基站周围的建筑物、山、广告牌等在图上标示出来，并在图中简单描述站点周围障碍物的特征、高度和到本站点的距离等，同时记录 500m 范围内的热点场所，现场填写《站点 RF 勘测表》中相应部分的内容。

（2）在天线安装平台拍摄站址周围的无线传播环境。根据指南针的指示，从 0°（正北方向）开始，以 30° 为步长、顺时针拍摄 12 个方向上的照片，每张照片以"基站名_角度"命名，基站名为勘测基站的名称，角度为每张照片对应的拍摄角度。每张照片要在绘制的天面平面示意图上注明拍摄点的位置以及拍摄方向；另外，从水平角度拍摄东、西、南、北方向上的景物时，并不是固定在某一点，而是根据具体天线的安装位置，尽量从架设天线的位置在天面各个方向的边缘分别进行拍照，上一张照片与下一张照片应该有少许交叠，并在所绘制的天面平面示意图上标注出拍摄照片的位置和方向。

（3）观察站址周围是否存在其他运营商的天馈系统，并进行记录。在《站点 RF 勘测表》中同时标记天线位置（采用方向、距离表示）、系统所用频段。

（4）其他情况，如基站周围是否有高压线、建筑施工情况等也需要在《站点 RF 勘测表》中说明。

（5）当站点基本可用，但无法实现假想服务边界内全部区域覆盖时，应对不能满足覆盖的区域（通常是服务边界的被阻挡区域，或特殊的大型建筑群及其阴影）进行进一步勘测，确定补充覆盖方案，如通过周边其他站点覆盖等。如果无法通过周边站点补充覆盖，则应向规划工程师汇报说明，进一步论证站点的合理性。规划工程师可以根据该区域的重要程度和设计覆盖目标要求，选择更改设计分裂站点，或增加微微蜂窝、室内分布系统、直放站等补充覆盖。

8.3.2　天面勘测

1. 天线高度勘测

（1）天线应高于周围主要建筑 5～15m；挂高应在假想典型站高附近，连续覆盖区域的站点过低时将形成覆盖空洞，过高时将形成越区和干扰；考虑到优化调整需要留有余地，如果站点规划中所留余量不大（小于 10%），则站点高度不应低于假想站高的 1/4，且站点越偏离假想站点位置，允许降低的站高幅度越小；连续覆盖区域内高度不应高于假想高度的 1/2，且站点越偏离假想站点位置，允许的高度变化越小，如果高出该范围，则应通过模拟测试等手段进行干扰定量分析，并探讨特殊天线的应用。

（2）同一基站下不同小区的天线允许有不同的高度，这可能是受限于某个方向上的安装空间，也可能是小区规划的需要。

（3）对于地势较平坦的市区，一般天线相对于地面的有效高度为 25～30m。

（4）对于郊县基站，天线相对于地面的有效高度可适当提高，一般为 40～50m。

（5）孤站高度不要超过 70m。

（6）天线高度过高时会降低天线附近的覆盖电平（俗称"塔下黑"），特别是对于全向天线，该现象尤为明显。

（7）天线高度过高时容易造成严重的越区覆盖、同/邻频干扰等问题，影响网络质量。

（8）天线典型安装高度要求如表 8-2 所示。

表 8-2　天线典型安装高度要求

地理位置及因素重要性	与周边平均地物相对高度（重要）		与地面相对高度（参考）		
	推荐值	最大值	最小值	典型值	最大值
密集城区	1m	2m	15m	20m	25m
城区	2m	4m	20m	25m	30m
郊区	4m	8m	20m	30m	35m
乡村	30m	40m	20m	40m	50m

2．天线高度测量

（1）利用卷尺或者激光测距仪可以测量建筑物的高度。

（2）当天线安装于建筑物顶面时，需要记录建筑物高度。

（3）一种测量高度的简单方法为统计一层楼的台阶（楼梯）数，测量每级台阶高度，则楼高=每级台阶高度×一层楼台阶数×楼层数+最高层高度。如果每层楼高度基本一致，则可测量出一层楼的高度，即楼高=每层楼高度×楼层数，此场景下利用卷尺量出一层楼的高度即可获得站高。

（4）当天线安装在已有铁塔上时，首先需要确认安装在第几层天面上，再通过运营商获得高度值。如果有激光测距仪，则可以直接测量建筑物高度或者铁塔该层天面高度。

（5）当天线安装在楼顶塔上时，需要记录建筑物的高度和楼顶塔放置天线的天面高度。

3．天线方向角勘测

天线方位角在预规划阶段已经确定，在站点勘测中可以根据站点周围障碍物的阻挡情况对各扇区的方位角进行调整，避免周围障碍物对信号传播产生影响。设置天线方向角时应遵循以下原则。

（1）天线方位角的设计应从整个网络的角度考虑，在满足覆盖的基础上，尽可能保证市区各基站的三扇区方位角一致、局部微调，以避免日后新增基站扩容时增加复杂性，城郊接合部、交通干道、郊区孤站等可根据重点覆盖目标对天线方位角进行调整。

（2）天线的主瓣方向指向高话务密度区，可以加强该地区信号强度，提高通话质量。

（3）市区相邻扇区交叉覆盖的深度不能太深，同基站相邻扇区天线方向夹角不宜小于90°。

（4）郊区、乡镇等地相邻小区之间的交叉覆盖深度不能太深，同基站相邻扇区天线方向夹角不宜小于90°。

（5）为防止越区覆盖，密集市区应避免天线主瓣正对较直的街道、河流和金属等反射性较强的建筑物。

（6）如果所勘测地区存在地理磁偏角，则在使用指南针测量方向角时必须考虑磁偏角的影响，以确定实际的天线方向角。

4．天线隔离度要求

为避免交调干扰，基站的收、发信机必须有一定的隔离，隔离度要大于30dB。天线隔离度取决于天线辐射方向图和空间距离及增益，其计算方法如下。

（1）垂直排列布置时，$L_v = 28 + 40\log(k/\lambda)$，单位为 dB。

（2）水平排列布置时，$L_v = 22 + 20\log(d/\lambda) - (G_1 + G_2) - (S_1 + S_2)$，单位为 dB。

其中，λ 为载波的波长，k 为垂直隔离距离，d 为水平隔离距离，G_1、G_2 分别为发射天线和接收天线在最大辐射方向上的增益（dBi），S_1、S_2 分别为发射天线和接收天线在 90° 方向上的副瓣电平（dBp）。通常 65°扇形波束天线的 S 约为-18dBp，90°扇形波束天线的 S 约为-9dBp，120°扇形波束天线的 S 约为-7dBp，这可以根据具体的天线方向图来确定。采用全向天线时，S 为 0dBp。无论是在双极化天线还是在分集天线中都必须满足以上公式。

8.3.3　勘测记录

典型的 RF 勘测记录表应完整记录如下内容。

（1）站点名称。

（2）站点 ID。

（3）站点类型（如 5G 或 4G）。

（4）站点地址或联系人。

（5）站点所在的建筑物类型（如政府机构、私人住宅、商业楼宇等）。

（6）站点的备选编号（如 A、B、C）。

（7）站点所属 Cluster 的类型（如 Dense Urban、Urban 等）。

（8）站址经纬度。

（9）塔或抱杆的类型。

（10）塔或抱杆的高度。

（11）站点所在的建筑物高度。

（12）扇区信息，包括以下内容。

① 扇区名称。

② 天线安装方式（塔或抱杆）。

③ 天线高度(等于建筑物高度加上塔或抱杆高度)。

④ 方向角。

⑤ 天线增益。

⑥ 下倾角。

8.4　勘测报告输出

为了避免遗忘造成的信息偏差，及时发现备选站点存在的问题，并制定应对方案，勘测结束后，需要与客户再次开会，讨论勘测出现的问题，确认勘测结果，无法达成共识的需要签署勘测备忘录，请运营商签字认可并存档。同时，需要输出以下文档，如表 8-3 所示。

表 8-3　基站勘测输出文档

材料名称	参考模板	备　　注
基站勘测报告	《XX 项目 X 期_XX 站点 RF 勘测报告_YYYYMMDD》 《XX 项目 X 期_XX 站点 RF 勘测记录表_YYYMMDD》	基站勘测报告是对单个基站勘测的总结，主要数据来源是基站勘测表、基站环境的拍摄照片等
工程参数总表	《XX 项目 X 期_工程参数总表_YYYYMMDD》	工程参数总表是对基站勘测报告的简要总结，主要数据来源是基站勘测报告、站点选择范围、运营商提供的相关数据等。工程参数总表中的数据需要随着网络的发展实时更新，保证同实际的网络一致。容易出现错误的是扇区方向角以及因为方向角的改变而引起的扇区名的改变。建议扇区名按照顺时针编号为 1,2,3 等
基站勘测备忘录	《基站勘测备忘录_YYYYMMDD》	基站勘测备忘录主要是对勘测遗留问题的总结，以便于后期的监控跟踪

本章小结

本章先介绍了基站勘测的基本流程，再介绍了站点勘测的准备工作，包括工具和仪器准备、勘测相关资料准备及召开勘测协调会；最后重点讲解了站点环境勘测、天面勘测。

通过本章的学习，读者应该对基站勘测的具体步骤有一定的了解，能够清楚地知道基站勘测过程中所使用的设备和工具，对 5G 的基站勘测工作有深刻的认识。

 课后练习

1. 选择题

（1）在一个地区首次使用 GPS 时，应在开机后等待（　　）以上。

　　A. 1min 　　　B. 5min 　　　　C. 10min 　　　　D. 15min

（2）（多选题）以下关于天线高度勘测的说法正确的是（　　）。

　　A. 天线高度过高会降低天线附近的覆盖电平（俗称"塔下黑"），特别对于全向天线，该现象尤为明显

　　B. 对于地势较平坦的市区，一般天线相对于地面的有效高度为 25 ~ 30m

　　C. 对于郊县基站，天线相对于地面的有效高度可适当提高，一般为 40 ~ 50m

　　D. 孤站高度不要超过 50m

（3）市区相邻扇区交叉覆盖的深度不能太深，同基站相邻扇区天线方向夹角不宜小于（　　）。

　　A. 60° 　　　　B. 90° 　　　　　C. 120° 　　　　　D. 150°

2. 简答题

（1）基站勘测过程中，使用到的硬件设备有哪些？

（2）关于天线方位角的设置，应注意遵循哪些原则？

（3）在拍摄站址周围无线环境时，有哪些要求？

Chapter

9

第 9 章
无线传播模型

不同频段的无线电波在基站与终端之间的传播，在不同场景下传播的距离和损耗的关系符合一定的模型。

本章节主要介绍典型场景下的无线电波传播模型，以及对抗衰落的分集技术。

课堂学习目标

- 了解常见的无线电波传播模型
- 掌握抗衰落分集技术

9.1 无线电波传播模型

无线电波传播模型用于预测无线电波在各种复杂传播路径上的路径损耗，是移动通信网小区规划的基础。无线电波传播模型的准确与否，关系到小区规划是否合理，运营商是否可以以比较经济合理的投资满足用户的需求。模型的价值就是在保证精度的同时，节省了人力、成本和时间。

9.1.1 自由空间传播

在研究电波传播时，首先要研究两个天线在自由空间（各向同性、无吸收、电导率为零的均匀介质）条件下的特性，即自由空间的传播损耗（单位为 dB）。

自由空间传播损耗公式如下。

$$L_p = 32.44 + 20\lg f + 20\lg d$$

从此公式可以推导出以下结论。

（1）当距离 d 加倍时，自由空间传播损耗增加 6dB，即信号衰减为原来的 1/4。

（2）当频率 f 加倍时，自由空间传播损耗增加 6dB，即信号衰减为原来的 1/4。

有了自由空间的传播损耗公式后，考虑传播环境对无线电波传播模型的影响，确定某一特定地区的传播环境的主要因素如下。

（1）自然地形（高山、丘陵、平原、水域等）。

（2）人工建筑的数量、高度、分布和材料特性。

（3）在进行网络规划时，一个城市通常会被划分为密集城区、一般城区、郊区、农村等几类区域，以保证预测的精度。

（4）某地区的植被特征表示为植被覆盖率，需考虑不同季节的植被情况是否有较大的变化。

（5）天气状况，如是否经常下雨、下雪。

（6）自然和人为的电磁噪声状况，周边是否有大型的干扰源（雷达等）。

（7）系统工作频率和终端运动状况，在同一地区，工作频率不同，接收信号的衰减状况也不同，静止的终端与高速运动的终端的传播环境也大不相同。常用传播模型如表 9-1 所示。

表 9-1 常用传播模型

模型名称	适用范围
Okumura-Hata	适用于 150～1000 MHz 宏蜂窝预测
COST231-Hata	适用于 1500～2000 MHz 宏蜂窝预测
Keenan-Motley	适用于 900～800 MHz 室内环境预测
Uma	适用于 0.5～100GHz 城区宏蜂窝预测
Umi	适用于 0.5～100GHz 城区微蜂窝预测
Rma	适用于 0.5～100GHz 农村宏蜂窝预测
InH 模型	适用于 0.5～100GHz 室内微蜂窝预测
通用传播模型	适用于 0.5～100GHz 覆盖场景

9.1.2 Okumura-Hata 模型

Okumura-Hata 模型在 900MHz 的 GSM 中得到了广泛应用，适用于宏蜂窝的路径损耗预测。Okumura-Hata 模型是根据测试数据统计分析得出的经验公式，应用频率为 150～1000MHz，适用于小区半径为 1～20km 的宏蜂窝系统，其基站天线高度为 30～200m，终端有效天线高度为 0～1.5m。

Okumura–Hata 传播模型公式为

$$PL = 69.55 + 26.16 \lg f - 13.82 \lg h_b + (44.9 - 6.55 \lg h_b) \lg d - A_{hm}$$

其中，各参数的含义如下。

（1）f 为频率。

（2）h_b 为基站天线有效高度。

（3）d 为发射天线和接收天线之间的水平距离。

（4）$A_{hm} = (1.1 \times \lg f - 0.7) h_m - (1.56 \lg f - 0.8)$。

当模型应用于郊区和开阔地区时，为了使预测结果更准确，需要对计算结果进行修正。

（1）对于郊区，结果修正如下。

$$PL_{suburb} = PL - 2 \times \left[\lg(\frac{f}{28}) \right]^2 - 5.4$$

（2）对于开阔地区，结果修正如下。

$$PL_{open} = PL - 4.78 \times (\lg f)^2 + 18.33 \times \lg f - 40.94$$

9.1.3　COST231–Hata 模型

COST231–Hata 模型是 EURO–COST 组成的 COST 工作委员会开发的 Hata 模型的扩展版本，应用频率为 1500～2000MHz，适用于小区半径为 1～20km 的宏蜂窝系统。发射有效天线高度为 30～200m，接收有效天线高度为 1～10m。

COST231–Hata 传播模型公式为

$$PL = 46.3 + 33.9 \lg f - 13.82 \lg h_b + (44.9 - 6.55 \lg h_b) \lg d - A_{hm} + C_m$$

其中，各参数的含义如下。

（1）f 为频率。

（2）h_b 为基站天线有效高度。

（3）d 为发射天线和接收天线之间的水平距离。

（4）$A_{hm} = (1.1 \times \lg f - 0.7) h_m - (1.56 \lg f - 0.8)$。

（5）C_m 为城市中心校正因子，在大城市中，$C_m = 3dB$，在中等城市和郊区中心区中，$C_m = 0dB$。

当模型应用于农村和开阔地时，为了使预测结果更准确，需要对计算结果进行修正。

（1）对于农村地区（准开阔地），结果修正如下。

$$PL_{quasi-open} = PL - 4.78 \times (\lg f)^2 + 18.33 \times \lg f - 35.94$$

（2）对于开阔地区，结果修正如下。

$$PL_{open} = PL - 4.78 \times (\lg f)^2 + 18.33 \times \lg f - 40.94$$

9.1.4　Keenan–Motley 模型

Keenan–Motley 模型应用于室内环境，根据是否基于视距传播主要分为以下两种类型。

（1）视距（Line of Sight，LoS）传播模型，其公式如下。

$$PL = 20 \lg d + 20 \lg f - 28 - X_\sigma$$

（2）非视距（Non Line of Sight，NLoS）传播模型，其公式如下。

$$PL = 20 \lg d + 20 \lg f - 28 + L_{f(n)} X_\sigma$$

其中，X_σ 为慢衰落余量，取值与覆盖概率和室内慢衰落标准差有关；$L_{f(n)} = \sum_{i=0}^{n} P_i$，$P_i$ 表示第 i 面隔墙的穿透损耗，n 表示隔墙数量。

隔墙穿透损耗典型值如表 9-2 所示。

表 9-2　隔墙穿透损耗典型值

频率 (GHz)	混凝土墙 (dB)	砖墙 (dB)	木板 (dB)	厚玻璃墙 (玻璃幕墙) (dB)	薄玻璃窗 (普通玻璃窗) (dB)	电梯门综合穿透损耗 (dB)
1.8～2	15～30	10	5	3～5	1～3	20～30

9.1.5　Uma 模型

Uma 模型是 3GPP 36.873 和 3GPP 38.901 协议定义的传播模型，应用频率为 0.5～100GHz，适用于小区半径为 10～5000m 的城区宏蜂窝系统，发射有效天线高度为 10～150m，接收有效天线高度为 1.5～22.5m。Uma 模型分为视距传播模型和非视距传播模型两种。

Uma(LoS)传播模型公式为

$$PL = 22\lg d_{3D} + 28 + 20\lg f_c$$

Uma(NLoS)传播模型公式为

$$PL = 161.04 - 7.1\lg W + 7.5\lg h - \left[24.37 - 3.7(h/h_{BS})^2\right]\lg h_{BS} + (43.42 - 3.1\lg h_{BS})(\lg d_{3D} - 3) +$$
$$20\lg f_c - \left[3.2(\lg 17.625)^2 - 4.97\right] - 0.6(h_{UT} - 1.5)$$

其中，各参数的含义如下。

（1）f_c 为频率。

（2）d_{3D} 为基站天线到终端的距离。

（3）W 为平均街道宽度。

（4）h 为建筑物平均高度。

（5）h_{BS} 为天线绝对高度。

（6）h_{UT} 为接收机绝对高度。

Uma(LoS)传播模型中默认 $h_{BS}=25$m，$h_{UT}=1.5$m。

9.1.6　Umi 模型

Umi 模型是 3GPP 36.873 和 3GPP 38.900 协议定义的传播模型，应用频率为 0.5~100GHz，适用于室内环境，发射有效天线高度为 10m，接收有效天线高度为 1.5～22.5m。Umi 模型分为视距传播模型和非视距传播模型两种。

Umi(NLoS)传播模型公式为

$$PL = 40\lg d_{3D} + 28.0 + 20\lg f_c - 9\lg\left[(d_{BP})^2 + (h_{BS} - h_{UT})^2\right]$$

Umi(LoS)传播模型公式为

$$PL = 36.7\lg d_{3D} + 22.7 + 26\lg f_c - 0.3(h_{UT} - 1.5)$$

其中，各参数的含义如下。

（1）f_c 为频率。

（2）d_{3D} 为基站天线到终端的距离。

（3）$d_{BP} = 4\,h'_{BS}h'_{UT}f_c/c$，而 $h'_{BS}=h_{BS}-1$，$h'_{UT}=h_{UT}-1$，f_c 为频率，c=$3.0×10^8$m/s。

（4）h_{BS} 为天线绝对高度。

（5）h_{UT} 为接收机绝对高度。

9.1.7 Rma 模型

Rma 模型是 3GPP 36.873 和 3GPP 38.900 协议定义的传播模型，应用频率为 0.5~100GHz，适用于小区半径为 10 ~ 10000m 的农村宏蜂窝系统，发射有效天线高度为 10 ~ 150m，接收有效天线高度为 1~10m。Rma 模型分为视距传播模型和非视距传播模型两种。

Rma(LoS)传播模型公式为

$$PL = 20\lg(40\pi\, d_{3D}f/3) + \min(0.03h \times 1.72, 10)\lg d_{3D} - \min(0.044h \times 1.72, 14.77) + 0.002\lg h \times d_{3D}$$

Rma(NLoS)传播模型公式为

$$PL = 161.04 - 7.1\lg W + 7.5\lg h - \left[24.37 - 3.7\left(h/h_{BS}\right)^2\right]\lg h_{BS} +$$

$$\left(43.42 - 3.1\lg h_{BS}\right)\left(\lg d_{3D} - 3\right) + 20\lg f_c - \left\{3.2\left[\lg\left(11.75h_{UT}\right)\right]^2 - 4.97\right\}$$

其中，各参数的含义如下。

（1）f_c 为频率。

（2）d_{3D} 为基站天线到终端的距离。

（3）W 为平均街道宽度，5m<W<50m。

（4）h 为建筑物平均高度，5m<h<50m。

（5）h_{BS} 为天线绝对高度。

（6）h_{UT} 为接收机绝对高度。

9.1.8 InH 模型

InH 模型是 3GPP 36.873 和 3GPP 38.900 协议定义的传播模型，应用频率为 0.5~100GHz，适用于小区半径为 3 ~ 150m 的室内微蜂窝系统，发射有效天线高度为 3 ~ 6m，接收有效天线高度为 1 ~ 2.5m。InH 模型分为视距传播模型和非视距传播模型两种。

InH (LoS)传播模型公式为

$$PL = 16.9\lg d_{3D} + 32.8 + 20\lg f_c$$

InH (NLoS)传播模型公式为

$$PL = 43.3\lg d_{3D} + 11.5 + 20\lg f_c$$

其中，各参数的含义如下。

（1）f_c 为频率。

（2）d_{3D} 为基站天线到终端的距离。

9.1.9 通用传播模型

在实际使用过程中，还需要考虑到现实环境中各种地物地貌对电波传播的影响，以保证覆盖预测结果的准确性。因此，在各种规划软件中，一般会使用通用的传播模型，并会根据各个地区的不同情况，对模型参数进行校正后再使用。

通用传播模型公式为

$$PL = K_1 + K_2\lg d + K_3\lg(H_{Txeff}) + K_4 \times \text{Diffractionloss} + K_5\lg d \times$$

$$\lg(H_{Txeff}) + K_6(H_{Rxeff}) + K_{\text{Clutter}}f(\text{Clutter})$$

其中，各参数的含义如下。

① K_1 为与频率相关的常数。

② K_2 为距离衰减常数。

③ d 为发射天线和接收天线之间的水平距离。

④ K_3 为基站天线高度修正系数。

⑤ H_{Txeff} 为发射天线的有效高度。

⑥ K_4 为绕射损耗的修正因子。

⑦ Diffractionloss 为传播路径上障碍物绕射损耗。

⑧ K_5 为基站天线高度与距离修正系数。

⑨ K_6 为终端天线高度修正系数。

⑩ H_{Rxeff} 表示接收天线的有效高度，$K_{Clutter}$ 为地物 Clutter 的修正因子，$f(Clutter)$ 为地貌加权平均损耗。

不同地物地貌场景下的参考修正值如表 9-3 所示。

表 9-3　不同地物地貌场景下的参考修正值

Clutter	$K_{Clutter}$	Clutter	$K_{Clutter}$
内陆水域	−1	高层建筑	18
海域	−1	普通建筑	2
湿地	−1	大型低矮建筑	−0.5
乡村	−0.9	成片低矮建筑	−0.5
乡村开阔地带	−1	其他低矮建筑	−0.5
森林	15	密集新城区	7
郊区城镇	−0.5	密集老城区	7
铁路	0	城区公园	0
城区半开阔地带	0		

9.2 抗衰落技术

无线信道是随机时变信道，信号在无线信道中传播时，会产生传播损耗（路径损耗）、慢衰落（阴影衰落）和快衰落。信号衰落示意图如图 9-1 所示。

传播损耗是指在空间传播所产生的损耗，它描述了由于移动用户与基站之间相对距离产生变化而引起的损耗的变化，主要与无线电波频率以及移动用户与基站之间的距离有关。

慢衰落损耗是由于在电波传播路径上受到建筑物及山丘等的阻挡所产生的阴影效应影响而产生的损耗。它反映了中等范围内数百波长量级接收电平的均值变化而产生的损耗，一般遵从对数正态分布。

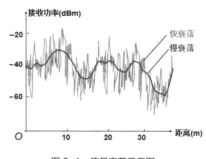

图 9-1　信号衰落示意图

快衰落损耗是由于多径传播而产生的损耗，它反映了微观小范围内数十波长量级接收电平的均值变化而产生的损耗，一般遵从瑞利分布或莱斯分布。快衰落又可以细分为以下 3 类。

（1）空间选择性衰落：不同的地点、不同的传输路径的衰落特性不一样。

（2）时间选择性衰落：用户的快速移动在频域上产生多普勒效应，引起频率扩散，从而产生时间选择性衰落。

（3）频率选择性衰落：不同的频率衰落特性不一样，引起时延扩散，从而产生频率选择性衰落。

衰落会降低通信系统的性能，为了对抗衰落，可以采用多种措施，常用方法为分集技术。

分集就是利用两条或多条传输途径传输相同信息，并对接、收信机的输出信号进行选择或合成，用以减轻衰落影响。常用的分集技术有空间分集、极化分集、时间分集和频率分集。

1. 空间分集

空间分集采用主分集天线接收的方法来解决快衰落问题。基站的接收机对主分集通道分别接收到的信号进行处理（一般采取最大似然法），接收的效果由主分集天线接收的不相关性所保证。所谓不相关性是指主集天线接收到的信号与分集天线接收到的信号不具有同时衰减的特性，这要求采用空间分集时，主分集天线之间的水平间距至少是无线信号波长的 10 倍，分集距离 D 是无线信号波长的 10～20 倍；或者采用极化分集，保证主分集天线接收到的信号不具有相同的衰减特性，如图 9-2 所示。

2. 极化分集

极化分集采用双极化天线，一根天线内有两个极化方向，衰落特性互不相关的两路多径 A 和 B 最终被合并成一路信号。极化分集与空间分集相比，可以节省安装空间。极化分集天线如图 9-3 所示。其中，"V+H"表示垂直和水平两路信号，"\""/"分别表示+45°和−45°两路信号。

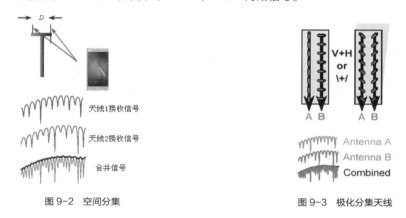

图 9-2　空间分集　　　　　　　　　　　　图 9-3　极化分集天线

3. 时间分集

时间分集可以采用符号交织、检错和纠错编码等技术。交织技术如图 9-4 所示。不同编码所具备的抗衰落特性不一样，编码也是当今移动通信广泛使用的技术之一。

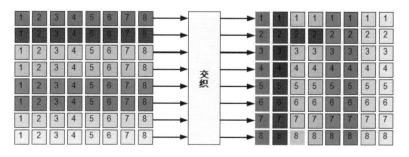

图 9-4　交织技术

4. 频率分集

频率分集采用扩频方式来解决快衰落问题。频率分集的理论基础是相关带宽，即当两个频率相隔一定间隔后，就可以认为它们的空间衰落特性是不相关的。当两个频率间隔大于 200kHz 时，移动通信频段即可获得这种不相关性。在 GSM 移动通信中，采用跳频这种扩频方式来获得分集增益。在 CDMA 移动通信中，由于每个信道都工作在较宽的频段上，因此其本身即是一种扩频通信。在 5G NR 中，上下行均支持非连续资源分配，同时 PUSCH 支持跳频，具有较高的频率分集增益。

本章小结

本章主要介绍了移动通信中常用的无线电波传播模型，包括自由转播模型和其他适配各场景及频段的传播模型；同时，也对每一种传播模型涉及的参数及无线信号衰落分集技术进行了介绍。

通过本章的学习，读者应该对 5G 常用的传播模型有一定的了解，能够充分理解传播模型在网络规划中的价值，以及不同传播模型适用的场景。

课后练习

1. 选择题

（1）以下（　　）传播模型主要用于室内。

    A. Okumura-Hata B. COST231-Hata   C. Keenan-Motley   D. 自由空间传播

（2）以下（　　）技术是抗频率选择性衰落技术。

    A. 空间分集   B. 频率分集   C. 时间分集   D. 极化分集

2. 简答题

（1）写出自由空间传播模型。

（2）采用空间分集时，为了保证主分集天线接收到的信号不具有相同的衰减特性，主分集天线之间的间距需要满足什么要求？

（3）简述分集技术的作用，以及移动通信系统中通常使用的分集技术。

（4）简述极化分集。

Chapter

10

第 10 章
5G 无线网络覆盖估算

5G 无线网络覆盖估算是指通过计算单个基站的覆盖面积来推导出某个区域实际需要的站点数量的过程。

本章主要介绍 5G 无线网络覆盖估算的流程，5G 使用的传播模型及不同场景下的典型损耗。

Communication

课堂学习目标

- 熟悉 5G 无线网络覆盖估算的流程

- 掌握根据链路预算计算路径损耗的方法

- 掌握传播模型的选择与计算

10.1 5G 无线网络覆盖估算流程

5G 无线网络覆盖估算流程如图 10-1 所示。首先，计算上行和下行最大允许路径损耗；其次，根据传播模型确定小区覆盖半径，根据单个基站覆盖半径和总覆盖面积计算出站点数量；再次，在完成站点数量计算后，对 5G 的小区配置参数进行规划；最后，由于是网络估算，一般估算出的站点的数量只能满足理想小区状态，所引入的参数因子在实际地形环境中会有一些偏差，因此，需要对估算的站点结合电子地图进行网络仿真，以评估规划结果是否满足要求。

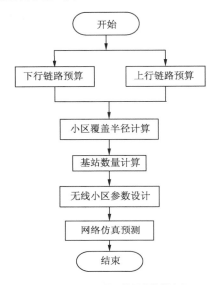

图 10-1　5G 无线网络覆盖估算流程

其中，链路预算是覆盖估算中的核心部分，用于计算每个方向的最大路径损耗。在得到了路径损耗以后，选择适合的传播模型，便可得到小区的覆盖半径。5G 的链路预算涉及所有的上下行物理信道。通常，只需要保证上下行覆盖平衡即可。

10.2 下行链路预算

图 10-2 所示为下行链路预算的原理，结合相关参数可以计算出最大允许路径损耗。通常，最大允许路径损耗（MAPL）通过发射功率和接收灵敏度计算。在传播过程中，损耗一般是静态的，如穿透损耗、人体损耗及馈线损耗。增益（如天线增益、MIMO 增益）可以提高最大允许路径损耗，因为它能增强信号强度或者给损耗带来一些补偿。另外，必须保留余量以确保覆盖性能，即使在小区有负载或者某个地方慢衰落比平均值大的情况下，若保留余量，覆盖（根据链路预算计算）也能满足规划目标，与其相关的公式如下。

下行 MAPL= EIRP(辐射功率)−MRSS(最小接收功率)−穿透损耗−阴影余量−干扰余量+天线增益

1．下行等效全向辐射功率

一个站点的发射功率通常被称为下行等效全向辐射功率。它从站点天线的角度反映发射功率水平。5G 系统中，使用 OFDMA 进行资源分配。对不同带宽而言，接收灵敏度是不同的，所以在链路预算过程中，应该将单 RE 看作一个计算的统一标准。插入损耗是由各个接头带来的损耗，当采用 AAU(RRU 和天线一体化设备)时，一般取 0dB，其余场景下一般取 3dB。下行等效全向辐射功率的计算公式如下。

$$EIRP=gNodeB 每子载波的发射功率+gNodeB 天线增益–线损–插入损耗$$

其中，每子载波发射功率=基站最大功率（dBm）–10lg（子载波数）。

以 100MHz、200W AAU 为例：每载波功率=53–10lg(273×12)=18dBm。

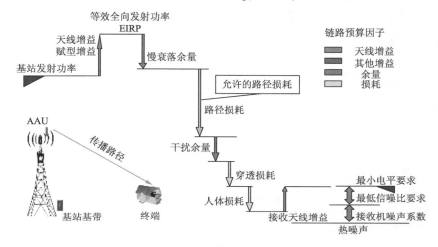

图 10-2　下行链路预算的原理

2.　基站最大发射功率

基站最大发射功率由 AAU/RRU 的型号及相关配置决定，典型配置下小区最大发射功率为 200W（53dBm）。

3.　天线增益

由于 5G 采用 Massive MIMO 技术，天线的增益通常为 10dBi，理论上，BF64 通道赋形天线下行可获得 18dB 的赋形增益。根据系统仿真与测试结果，一般取 15dB。

除以上增益外，部分算法和特性的应用也可以带来一定的增益，如自适应调制编码（Adaptive Modulation and Coding，AMC）和切换增益，典型值取 1dB，但这些增益一般不在链路预算时体现。

4.　干扰余量

在链路预算的时候会考虑通过干扰余量来补偿来自负载邻区的干扰。干扰余量针对底噪提升，和地物类型、站间距、发射功率、频率复用度有关。在 50% 邻区负载的情况下，干扰余量一般取值为 3～4dB。邻区的负载越高，干扰余量就越大。

5.　阴影衰落余量

阴影衰落也称慢衰落，其衰落符合正态分布，由此造成了小区的理论边缘覆盖率只有 50%，为了满足需要的覆盖率而引入了额外的余量，该余量称为阴影衰落余量。要达到运营商设定的覆盖目标，需要考虑阴影衰落余量，用以增强覆盖。

阴影衰落余量依赖于小区边缘覆盖率和慢衰落的标准偏差，要求的覆盖率越高，标准偏差越高，则阴影衰落余量越大。

标准偏差是从不同的簇类型中获取的一个测量值，它基本代表距站点一定距离测得的 RF 信号强度的变量（该值在平均值周围呈对数正态分布）。因此，簇不同，标准偏差也会不同。取决于传播环境的不同，对数正态标准偏差在 6～8dB 或更大的数值之间变化。假设是平坦的地形，乡村或者开阔的簇类型一般会比市郊或城区簇类型的标准偏差低，这是因为在城区环境中特有的高建筑会形成阻挡而使平均信号强度的标准偏差比在农村环境中更高。慢衰落的标准偏差和地物类型、频点、环境有关。表 10-1 所示为典型场景的阴影衰落余量取值。

表 10-1　典型场景的阴影衰落余量取值

	密集城区	城区	郊区	农村
阴影衰落标准差	11.7dB	9.4dB	7.2dB	6.2dB
区域覆盖率	95%	95%	90%	90%
阴影衰落余量	9.4dB	8dB	2.8dB	1.8dB

6. 损耗

（1）馈线损耗：主要是指馈线（或跳线）和接头损耗。当 5G 采用 AAU 部署方式时，不需要考虑馈线损耗；当 5G 采用分布式基站时，从 RRU 到天线的一段馈线及相应的接头损耗通常取 1dB。馈线损耗和馈线长度及工作频带有关，如表 10-2 所示（表中 1 英寸=2.54 厘米）。

表 10-2　不同馈线损耗

gNodeB 线缆类型	线缆尺寸（英寸）	gNodeB 线损 100m(dB)						
		700MHz	900MHz	1700MHz	1800MHz	2.1GHz	2.6GHz	3.5GHz
LDF4	1/2	6.009	6.855	9.744	10.058	10.961	12.09	14.29
FSJ4	1/2	9.683	11.101	16.027	16.57	18.137	20.118	24.11
AVA5	7/8	3.093	3.533	5.04	5.205	5.678	6.27	7.51
AL5	7/8	3.421	3.903	5.551	5.73	6.246	6.89	7.49
LDP6	5/4	2.285	2.627	3.825	3.958	4.342	4.828	5.526
AL7	13/8	2.037	2.333	3.36	3.472	3.798	4.208	5.238

（2）人体损耗：UE 离人体很近造成的信号阻塞和吸收引起的损耗，语音（VoIP）业务的人体损耗参考值为 3dB。数据业务以阅读观看为主，UE 距人体较远，人体损耗取值为 0dB。测试结果表明，高频人体损耗与人和接收端、信号传播方向的相对位置，以及收发端高度差等因素相关，人体遮挡比例越大，损耗越严重，室外典型人体损耗值约为 5dB。不同频段下人体损耗参考取值如表 10-3 所示。

表 10-3　不同频段下人体损耗参考取值

地物类型 ＼ 频带	3.5GHz	4.5GHz	28GHz	39GHz
智能手机	3dB	4dB	8dB	10dB

（3）穿透损耗：当人在建筑物或车内打电话时，信号需要穿过建筑物或车体，会造成一定的损耗。穿透损耗与具体的建筑物结构与材料、电磁波入射角度和频率等因素有关，应根据目标覆盖区的实际情况确定。在实际商用网络建设中，穿透损耗余量一般由运营商统一指定，以保证各家厂商规划结果可比较。不同场景下穿透损耗参考取值如表 10-4 所示。

表 10-4　不同场景下穿透损耗参考取值

频带 地物类型	900MHz	1800MHz	2.1GHz	2.3GHz	2.6GHz	3.5GHz	28GHz	39GHz
密集城区	18 dB	19 dB	20 dB	20 dB	20 dB	26 dB	38 dB	41 dB
城区	14 dB	16 dB	16 dB	16 dB	16 dB	22 dB	34 dB	37 dB
市郊	10 dB	10 dB	12 dB	12 dB	12 dB	18 dB	30 dB	33 dB
农村地区	7 dB	8 dB	8 dB	8 dB	8 dB	14 dB	26 dB	29 dB

（4）植被损耗：对于低频通信，在密集城区植被较少时可以不考虑；对于高频通信，树木遮挡导致的衰减非常重要，植被较密区域建议取 17dB 作为典型衰减值，具体值可根据规划场景实际情况进行调整。28GHz 不同场景下的植被损耗如图 10-3 所示。

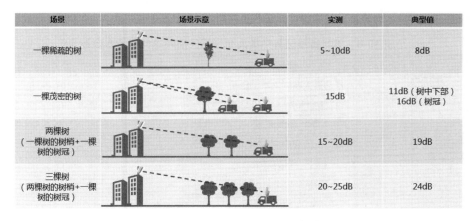

图 10-3　28GHz 不同场景下的植被损耗

（5）雨衰：对于 Sub6G 频段、SUL 频段，不考虑雨衰影响；对于 Above 6G 高频段（如 28GHz/39GHz等），在降雨比较充沛的地区，当降雨量和传播距离达到一定水平时，会带来额外的信号衰减，链路预算、网络规划设计需要考虑这部分的影响。根据实测结果，使用 28GHz 和 39GHz 频段、小区覆盖半径小于 500m时，雨衰取值为 1～2dB。

7. 接收机灵敏度

接收机灵敏度指的是在分配的带宽资源下，不考虑外部的噪声或干扰，为满足业务质量要求而必需的最小接收信号水平。接收机灵敏度的计算公式如下。

接收机灵敏度＝背景噪声＋接收机噪声系数＋SINR

背景噪声也被称为热噪声。热噪声是由传输介质中电子的随机运动而产生的。在通信系统中，电阻器件噪声以及接收机产生的噪声均可以等效为热噪声。其功率谱密度在整个频率范围内都是均匀分布的，故又被称为白噪声。背景噪声的计算公式如下。

背景噪声＝KTB

其中，K 为 Boltzmann 常数（1.38×10^{-23}J/K）；T 为绝对温度，取 290K（其中，K 表示开尔文温度，0K＝-273.15℃）；B 为带宽，5G 中每个 RE 带宽为 15～240kHz；在 RE 带宽取 30kHz 的情况下，当温度为 17℃时，5G 每个 RE 背景噪声为-129dBm。

接收机噪声系数是指当信号通过接收机时，由于接收机引入的噪声而使信噪比恶化的程度，在数值上等于输入信噪比与输出信噪比的比值，是评价放大器噪声性能好坏的指标，用 *NF* 表示。该值取决于各厂家基站或终端的性能，不同设备的噪声系数参考取值如表 10-5 所示。

表 10-5　不同设备的噪声系数参考值

设备类型	频段				
	2.6GHz	3.5GHz	4.5GHz	28GHz	39GHz
基站	3 dB	3.5 dB	3.8 dB	8.5 dB	8.5 dB
CPE	9 dB	9 dB	9 dB	9 dB	9 dB
手机	7 dB	7 dB	7 dB	10 dB	10 dB

SINR 的取值和很多因素有关，包括要求的小区边缘吞吐率和 BLER、MCS、RB 数量、上下行时隙配比（TDD 特点）、信道模型、MIMO 的流数。结合这些因素，通过一系列的系统仿真可以得出要求的 SINR 值。下行链路预算中最大允许路径损耗的计算基本参数如表 10-6 所示。

表 10-6　下行链路预算中最大允许路径损耗的计算基本参数

类别	参数	公式
TX（发射端）	基站最大发射功率(dBm)	A
	下行带宽（RB）	C
	下行子载波数	$D=12C$
	每子载波的功率（dBm）	$E=A-10\lg D$
	基站天线增益(dBi)	G
	基站馈线损耗(dB)	H
	每子载波 EIRP(dBm)	$J=E+G-H$
RX（接收端）	SINR 门限（dB）	K
	噪声系数(dB)	L
	背景噪声(dBm)	M
	最小信号接收强度(dBm)	$R=K+M+L$
其他损耗及余量	损耗(dB)	S
	干扰余量(dB)	Q
	阴影余量(dB)	T
	最大路径损耗(dB)	$U=J-R-S-T-Q$

10.3　上行链路预算

如图 10-4 所示，上行链路预算的原理和下行链路预算的原理基本一致，其不同点如下。

（1）发射功率：根据协议的定义，UE 最大发射功率分为 23dBm 和 26dBm 两类。

（2）发射带宽：与调度给 UE 的 RB 数量有关。

（3）天线增益：UE 天线增益一般设置为 0dBi。

（4）上行接收机灵敏度。

（5）上行干扰余量：与 UE 的位置分布相关，一般通过仿真计算取值，通常取 3～4dB。

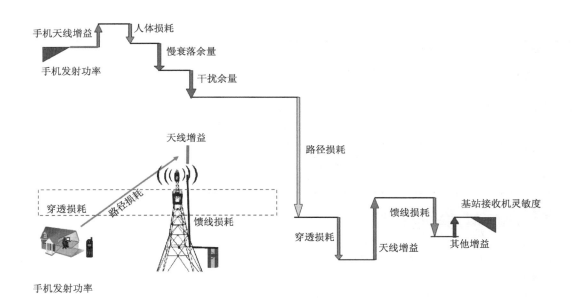

图 10-4　上行链路预算的原理

链路预算中相关参数的典型取值如表 10-7 所示。

表 10-7　链路预算中相关参数的典型取值

参数名称	类型	参数含义	典型取值
TDD 上下行配比	公共	5G 支持灵活的上下行配比	8：2
TDD 特殊时隙配比	公共	特殊时隙由 DL、GP 和 UL 符号三部分组成，这三部分的时间比例（等效为符号比例）	10：2：2/6：4：4
系统带宽	公共	包括 5～100MHz 不同带宽对应不同的 RB 数	100MHz
人体损耗	公共	话音通话时通常取 3dB，数据业务取值为 0dB，高频通信时要考虑此参数的影响	低频 0dB
UE 天线增益	公共	UE 的天线增益为 0dBi	0dBi
基站接收天线增益	公共	基站接收天线增益	18dBi
馈线损耗	公共	如果采用 AAU，则不需考虑馈线损耗，如果 RRU 上塔，则有跳线损耗	1～4dB
穿透损耗	公共	室内穿透损耗为建筑物紧挨外墙以外的平均信号强度与建筑物内部的平均信号强度之差，其结果包含了信号的穿透和绕射的影响，和场景关系很大	10～30dB
植被损耗	公共	低频密集城区植被较少区域不需要考虑，高频植被较多区域视场景选择	高频 17 dB
雨衰	公共	低频不需要考虑，高频视降雨量和覆盖半径选择	高频 1～2dB
阴影衰落标准差	公共	室内阴影衰落标准差的计算：假设室外路径损耗估计标准差为 X dB，穿透损耗估计标准差为 Y dB，则相应的室内用户路径损耗估计标准差 = sqrt($X^2 + Y^2$)	6～12
边缘覆盖概率	公共	小区边缘电平值大于门限的概率，视运营商要求而定	90%

续表

参数名称	类型	参数含义	典型取值
阴影衰落余量	公共	阴影衰落余量(dB) = NORMSINV(边缘覆盖概率要求)× 阴影衰落标准差(dB)	—
UE 最大发射功率	上行	UE 的业务信道最大发射功率一般为额定总发射功率	23dBm/26dBm
基站噪声系数	上行	基站放大器的输入信噪比与输出信噪比之比	4dB
干扰余量	上行/下行	干扰余量随着负载增加而增加	—
基站发射功率	下行	基站总的发射功率（链路预算中通常指单天线），下行 gNodeB 功率在全带宽上分配	53dBm

10.4 小区覆盖半径计算

在完成链路预算后可以得到最大路径损耗，最大路径损耗和覆盖半径的转换可以借助传播模型。而传播模型需要根据应用场景进行选择，由于无线传播环境复杂，且差异性较大，因此传播模型中的各参数需要通过实际的传播模型测试与校正，以真实反映无线传播特性，进而提高无线网络规划的准确性。5G 常用的传播模型为 Uma 模型，引自 3GPP 38.900 和 3GPP 36.873，常用的传播模型如表 10-8 所示。

表 10-8 常用的传播模型

传播模型	应用场景
COST231-Hata	频率范围：1500～2000MHz 小区半径：1～20km 天线挂高：30～200m 终端天线高度：1～10m
Uma（3GPP 36.873 和 38.901）	频率范围：0.5～100GHz 适用场景：城市宏蜂窝组网 天线挂高：10～150m 终端天线高度：1～10m
Umi（3GPP 36.873 和 38.901）	频率范围：0.5～100GHz 适用场景：城市街道微蜂窝组网 天线挂高：10m 终端天线高度：1～10m
Rma（3GPP 36.873 和 38.90）	频率范围：0.5～100GHz 适用场景：农村宏蜂窝组网 天线挂高：10～150m 终端天线高度：1～10m
SPM	此模型由路测数据经模型校正后得到

以 Uma 的 NLoS 场景为例，

$$PL = 161.04 - 7.1\lg W + 7.5\lg h - \left[24.37 - 3.7(h/h_{BS})^2\right]\lg h_{BS} + (43.42 - 3.1\lg h_{BS})(\lg d_{3D} - 3) +$$
$$20\lg f_c - \left[3.2(\lg 17.625)^2 - 4.97\right] - 0.6(h_{UT} - 1.5)$$

其中，W 为平均街道宽度，h 为平均建筑物高度，h_{BS} 为天线的绝对高度，f_c 为频率，h_{UT} 为终端高度。

利用 RND 链路预算工具，输入相关链路预算的因素及传播模型，可以分别得出上行和下行的小区半径最终结果，如表 10-9 所示。

表 10-9　链路预算举例

参数 　　上下行	下行　终端	上行　终端
Path Loss(dB)	102.79	118.32
Propagation Model	Uma	
Frequency(GHz)	3.5	
gNodeB/UE Height(m)	1.5	35
Cell Radius(m)	200.8	234.7

10.5　基站数量计算

不同站型小区面积计算方式不同，对于定向 3 扇区站点，假设小区半径为 R，则站间距离 $D=1.5R$，基站覆盖面积 $S=1.96R^2$，如图 10-5 所示。

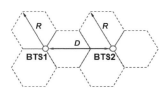

图 10-5　定向站面积计算

假设某规划区域的面积为 M，则该规划区域需要的基站数 $N=M/(\lambda*S)$，其中，λ 是扇区有效覆盖面积因子，一般取值为 0.8，基站数量计算举例如表 10-10 所示。

表 10-10　基站数量计算举例

区域类型 　　覆盖要求	密集市区（3 扇区）	一般市区（3 扇区）	郊区（3 扇区）
区域面积	36.95km²	325.93km²	236.68km²
连续覆盖业务的小区半径	0.30km	0.52km	1.26km
连续覆盖业务的基站面积	0.18km²	0.52km²	3.05km²
基站数量	257 个	784 个	97 个

10.6　无线小区参数设计

在完成站点估算之后，在进行网络仿真之前，需要对小区无线参数进行规划设计，无线参数主要如下。

（1）Massive MIMO 场景化波束设计。根据不同的覆盖场景选择不同的场景化波束配置，可以实现建网成本最低、覆盖最优的效果。表 10-11 所示的场景化波束配置为 5G 支持的典型场景化波束配置。

表 10-11　5G 支持的典型场景化波束配置

覆盖场景 ID	覆盖场景	水平 3dB 波宽	垂直 3dB 波宽
SCENARIO_1	广场场景	110°	6°
SCENARIO_2	干扰场景	90°	6°
SCENARIO_3		65°	6°
SCENARIO_4	楼宇场景	45°	6°
SCENARIO_5		25°	6°
SCENARIO_6	中层覆盖广场场景	110°	12°
SCENARIO_7	中层覆盖干扰场景	90°	12°
SCENARIO_8		65°	12°
SCENARIO_9	中层楼宇场景	45°	12°
SCENARIO_10		25°	12°
SCENARIO_11		15°	12°
SCENARIO_12	广场+高层楼宇场景	110°	25°
SCENARIO_13	高层覆盖干扰场景	65°	25°
SCENARIO_14	高层楼宇场景	45°	25°
SCENARIO_15		25°	25°
SCENARIO_16		15°	25°

（2）时隙配比设计。TDD 系统需要设计上下行时隙配比，FDD 不需要此过程，时隙配比定义了无线资源的上下行分配，5G 典型的时隙配比主要有 3 种：4∶1，即DDDSU；8∶2，即 DDDDDDDSUU；7∶3，即 DDDSUDDSUU。实际时隙配比需根据上下行业务需求全网统一规划。

（3）PCI 设计。PCI 是 5G 小区的重要参数，每个 NR 小区对应一个 PCI，用于无线侧区分不同的小区，影响下行信号的同步、解调及切换。为 5G 小区分配合适的 PCI，对 5G 无线网络的建设、维护有重要意义。PCI 由两部分组成：辅同步码取值为 0～335；主同步码取值为 {0，1，2}。其计算公式为

$$PCI=3\times 辅同步码+主同步码$$

其中，PCI 取值为 0～1007。5G 的 PCI 无须考虑 PCI 模 3 干扰的问题，实际取值根据网络组网情况进行规划即可。

10.7　网络仿真预测

完成基站数量和站点位置选择后，可以将站点信息和覆盖区域 3D 地物地图导入到仿真软件中进行规划仿真预测。根据仿真结果，识别出网络中的弱覆盖区域后，再次调整参数进行仿真，直到仿真结果满足网络建设目标为止。仿真结果示例如图 10-6 所示。

由于移动通信采用的频段为 300MHz~100GHz，其波长与传播路径上的遮挡物（建筑物、山丘等）相比要小得多，电磁波的主要传播方式为直射、反射、衍射、散射。5G 大量采用 Massive MIMO 天线，在进

行仿真预测时，需要使用射线跟踪模型进行仿真预测。射线跟踪模型通过跟踪发射源在整个立体空间中发射出的射线，基于 UTD 和 GO 理论计算空间的各种传播方式（反射、衍射、散射）的影响，找到发射点到接收点的有效路径，对所有传播路径场强叠加确定接收点电平。相对于传统仿真模型，其具有精确的电磁波传播路径搜寻和反射、衍射能量计算能力，使得电平预测准确性更高。

图 10-6　仿真结果示例

 本章小结

本章介绍了 5G 无线网络覆盖估算流程，覆盖估算的目的是计算区域内的基站数量，所以先引出最大允许路径损耗的概念，然后将路径损耗代入传播模型中计算得出单个基站的覆盖半径，进而得出每个基站的覆盖面积，再基于区域总面积得出区域内的基站数量，在进行覆盖估算时，链路预算和传播模型的计算最为关键，特别是不同场景下的参数选择，完成基站数量计算后，还需要对小区参数进行规划设计，最后要根据链路预算的流程，通过仿真观察规划结果。

通过本章的学习，读者应该对 5G 无线网络覆盖规划的流程有一定的了解，能够充分理链路预算和传播模型在网络规划中的价值，懂得根据不同场景和不同区域来选择相关的网络估算参数。

 课后练习

1．选择题

（1）5G 上行链路估算时，UE 的发射功率一般为（　　　）。

　　A．23dBm　　　　　B．26dBm　　　　　C．30dBm　　　　　D．33dBm

（2）在 5G 的可用频段中，（　　　）频段更适用于覆盖海量的物理连接。

　　A．Sub 3G　　　　　B．C 波段　　　　　C．毫米波　　　　　D．厘米波

2．简答题

（1）简述在上下行链路预算中，高频相对于低频需要额外考虑哪些损耗。

（2）目前，在 5G 网络覆盖规划过程中，城区和农村宏蜂窝、街道微蜂窝场景常用的传播模型有哪几种？

（3）电磁波的主要传播方式主要包括哪些？

（4）当采用 AAU 设备时，插入损耗一般取多少 dB？RRU 设备一般取多少 dB？

（5）仿真预测的作用是什么？

Chapter

11

第 11 章
5G 测试及单站点验证

单站点验证主要目的是检查基站基本功能是否正常，而路测软件的使用对于网络优化工作是必不可少的。

本章将对 5G NSA/SA 组网中网络优化中单站点验证阶段需要完成的工作进行说明，包括单站点验证的总体测试流程、测试准备及各个测试项目的测试目的、测试方法和测试说明。

课堂学习目标

- 了解单站点验证流程
- 掌握单站点验证准备工作
- 掌握单站点验证测试项目
- 了解单站点验证报告的输出要求

Communication

11.1 单站点验证概述

单站点验证是指在基站硬件安装调试完成后，对单站点的设备功能和覆盖能力进行的自检测试和验证。当待优化区域内所有小区通过单站点验证时，表明站点不存在功能性问题，单站点验证阶段结束，进入 Cluster 优化阶段。其在网络优化中的位置如图 11-1 所示。

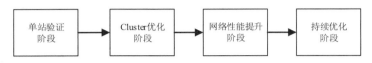

图 11-1　单站点验证在网络优化中的位置

11.1.1　单站点验证目的

单站点验证的主要目的是在网络进入 Cluster 优化前，保证各个站点下各个小区的基本功能（如接入、数据业务等）是正常的。此阶段可以将网络优化中需要解决的因为网络覆盖原因造成的掉话、接入等问题与设备功能性掉话、接入等问题分离开来，有利于后期问题定位和问题解决，提高网络优化效率。

单站点验证还可以帮助网络优化工程师熟悉优化区域内的站点位置、配置、周围无线环境等信息，为下一步的优化打下基础。

11.1.2　单站点验证流程

单站点验证的工作流程如图 11-2 所示。该阶段输出的是《单站点验证报告》，并保证站点成功商用；单站点验证具体工作包括单站点验证准备、单站点验证测试与分析、调整建议与实施、单站点验证报告 4 个关键步骤。必须保证在单站点验证中发现的问题能够得到闭环的解决。

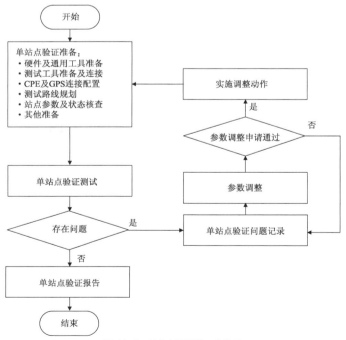

图 11-2　单站点验证的工作流程

11.2　单站点验证准备

单站点验证需要的准备工作包括硬件及通用工具准备、测试工具准备及连接、CPE 及 GPS 连接配置、测试路线规划、站点参数及状态核查和其他准备。

11.2.1　硬件及通用工具准备

单站点验证内容及方法确认清楚之后，为确保测试过程顺利，需要提前完成相应的测试工具及硬件准备。5G 单站点验证测试需完成以下工具及硬件准备。

（1）Iperf 工具：TCP 灌包工具，用于测试上下行灌包速率，经过测试该软件速率满足要求；选择灌包速率测试时需准备此工具。

（2）FTP 测试工具：推荐使用 Probe 自带的测试计划进行测试，同时配置测试方式为不写磁盘（可以排除写磁盘对测试速率的影响），使用此方式直接安装 Probe 工具即可。也可以使用 FileZilla 进行测试（FileZilla 会写磁盘，对磁盘读写速度要求高），但是便携机必须使用 SSD 硬盘。

（3）GPS：如需地理化打点，则必须准备外置 GPS。

（4）核心网服务器：用作灌包或 FTP 上传下载服务器，对于 PS 业务的测试，数据传输通道中有着众多的网元，路由、网元间带宽等都会影响到吞吐率、时延等 PS 业务性能。服务器使用固定的 IP 地址设置，该 IP 地址可以通过 5G 网络进行接入。服务器到基站的传输通道速率要满足测试终端的峰值要求。如果使用 FTP 方式进行速率测试，需提前在服务器上安装 FTP Server 并进行相关性能调试优化。

（5）测试终端及配套：CPE 需配套便携机进行测试，当前推荐使用双 PC 进行测试，因此需准备两台便携机。CPE 的软件版本与基站版本存在一定对应关系，在测试前需与研发人员沟通，确认所需的 CPE 软件版本并提前做好升级。

（6）SIM 卡：开户速率要求大于 1Gbit/s（CPE）。

（7）供电：测试便携、测试终端、GPS 都需要供电。便携可以使用电池供电，但往往电池性能无法满足长时间测试的需求，如果车辆无法提供需要的功率，需要购买大功率 UPS 电池。需保证购买的 UPS 电池功率满足测试要求，一般需满足 8 小时测试要求。

（8）Probe 便携：普通性能的便携，用于安装 Probe 工具，采集数据并记录 LOG。

（9）高性能便携：FTP 上传下载或 TCP 灌包便携。

11.2.2　测试工具准备及连接

CPE 连接的组网情况如图 11-3 所示。

（1）TCP 灌包和 FTP 服务器：Ping 目的地址。

（2）CPE：有两个网口，维测数据和业务数据各使用一个网口。

（3）TCP 灌包和 FTP 客户端：Ping 发起服务器，需满足 Probe 便携及高性能便携硬件配置要求。

（4）Probe PC：安装 PA，采集 CPE 的日志，并记录。

（5）网线：进行网络连接，满足至少 1Gbit/s 带宽要求，需五类网线以上，推荐使用 CAT6 网线。

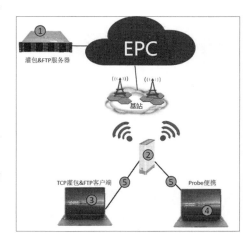

图 11-3　CPE 连接的组网情况

11.2.3 CPE 连接配置

（1）PC 通过网线直接连接 CPE LAN 口,通过有线连接管理 CPE。PC 连接 CPE 后，若 PC 网卡配置自动获取 IP 地址方式，CPE 会自动为 PC 分配 192.168.1.x 地址。

（2）打开 Probe，打开"Device Configure"窗口，单击🔡按钮，在弹出的对话框的"Model"下拉列表中选择"HUAWEI NR CPE1.0"选项，在下方的文本框中填入对应的 CPE IP（登录 CPE Web 管理页面时可获取到），单击"OK"按钮，如图 11-4 所示。

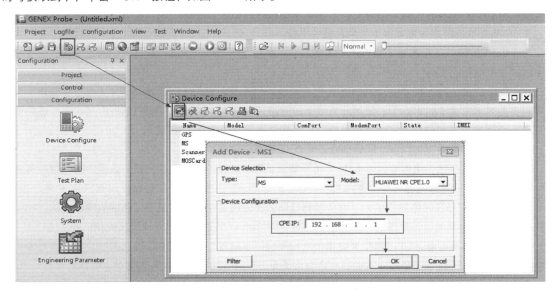

图 11-4 "Device Configure"窗口

（3）单击"Device Configure"窗口中的🔡按钮，即可连接 CPE，如图 11-5 所示。

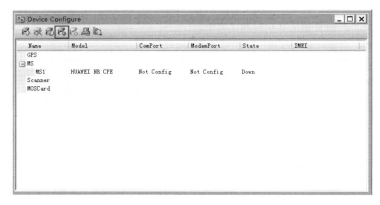

图 11-5 连接 CPE

（4）成功连接 CPE 后，"Device Configure"窗口如图 11-6 所示。

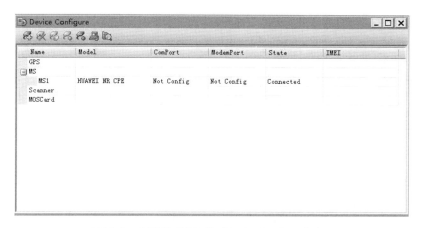

图 11-6　成功连接 CPE 后的"Device Configure"窗口

11.2.4　GPS 连接配置

连接 GPS 时，如需地理化打点，则必须连接外置 GPS。

（1）单击"Device Configure"窗口中的██按钮，在弹出的 Add Device 对话框中将"Type"设置为"GPS"。

（2）将"Model"设置为"NMEA"（一般情况下为 NMEA 型号的 GPS），具体内容根据 GPS 型号确定，本书以 NMEA 型号 GPS 为例。

（3）将"COM port"设置为 NMEA 的端口号，需安装对应 GPS 的驱动。如果不知道端口号，则可通过以下方式查看：单击"Device Configure"窗口中的██按钮，打开"设备管理器"窗口，展开"端口（COM和 LPT）"节点，可查看对应的端口，如图 11-7 所示。

图 11-7　GPS 端口配置

（4）端口配置完成后，单击"OK"按钮即可，如图 11-8 所示。

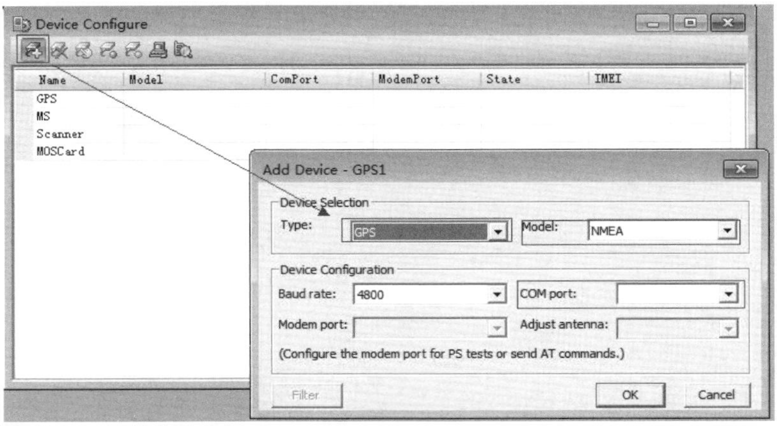

图 11-8　GPS 连接配置

11.2.5　测试线路规划

按照待验证站点的场景，基本上可以将站点划分为 3 类。

（1）Urban 站点。

（2）Remote 站点。

（3）Highway 站点。

由于每种测试站点在设计测试路线时要求各有不同，因此每个站点应当定义一个以站点为圆心的"Ring"。此外，"Ring"还有一个作用，即在进行验证单站的项目时，以"Ring"中样本的测试结果和统计结果为主，定点测试点建议如下。

（1）在站点 30～60m 距离内；对于天线高的站点，建议距站点一定距离，不建议在站点下测试。

（2）尽量可以直视 5G 站点天线，无大型建筑物遮挡。站点测试"Ring"如图 11-9 所示。

图 11-9　站点测试"Ring"

测试前，每个站点的类型及对应测试"Ring"的大小必须得到设备提供商和客户双方确认。

测试时应当遵循如下原则。

（1）测试路线覆盖周围主要的街道。

（2）测试路线要测试所有小区的覆盖范围。

另外，对于单站点验证，建议首先使用定点测试，其次使用单站绕圈测试。如果客户需要测试和周围站点的切换，则不建议单独进行小 Cluster 的测试，可以按照 Cluster 测试方法，一次性对多个站点进行测试。如果需要进行 Cluster 测试，在测试时应当特别注意以下原则。

（1）测试路线尽量覆盖待测基站周围所有主要街道，示例如图 11-10 所示。

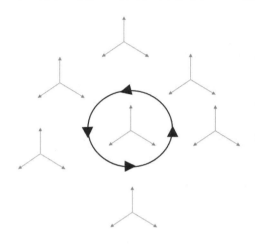

图 11-10　区域验证测试路线示例

（2）测试路线应尽量考虑当地的行车习惯，减少等待时间。

测试路线可以使用 Mapinfo 工具制作，具体方式是，在数字地图上新建一个图层，标明测试起始点和测试终止点，使用带箭头的折线表示测试路线和测试过程。测试时，需要将该图层在路测工具中打开，指导单站测试顺利且完整地进行。为了确定路线的有效性，需要和熟悉当地路况的员工一起进行审阅，避免走弯路。

11.2.6　站点参数及状态核查

在站点测试前，网络优化工程师获取现网配置数据，并检查实际配置的数据与规划数据是否一致。

SA 组网情况下，对 5G 站点的配置进行核查即可； NSA 组网情况下，不仅有 NR 侧的配置，还涉及大量 LTE 侧的配置参数，在启动路测前，建议先使用工具进行配置参数核查，以免错配、漏配的情况出现。

站点验证前，NSA 组网情况下，网络优化工程师需要向产品支持工程师确认：LTE 和 5G 小区是否存在告警以及问题是否解决，测试小区的状态是否正常，LTE 和 5G 小区的 X2 口是否正常建立，尤其要关注间歇性告警问题。SA 组网情况下，直接确认 5G 站点告警情况及小区状态即可，保证影响业务的告警已处理且小区已正常激活。

11.2.7　其他准备

单站点验证环节在测试前还需要做如下准备工作。

（1）测试工具检查：测试前通过便携式计算机连接 UE 终端和 GPS，并保证测试设备和测试软件工作正常。

（2）测试车辆速度：建议车速保持在 30km/h 以内，经过待测小区的主服务区或发现有异常情况（如 Attach 接入功能异常、测试设备工作异常，以及某个小区的 RSRP、SINR 覆盖情况异常等）时，需要减速行驶或暂时靠边停止行驶；如果存在异常情况，则应将异常情况记录下来，重新接入业务后继续前进，完成其他小区的测试，待测试区域验证工作完成后再对异常小区进行详细的验证和问题处理。

（3）NSA 网络锚点与 NR 共站场景下，若被测试站点周围 LTE 站点未做锚点改造，则 LTE 站点会对锚点形成干扰，导致产生锚点异常等问题。为了避免相邻基站对待测试基站产生干扰，可考虑在单站测试时去激活相邻基站的小区。

11.3 单站点验证测试

单站点验证工作是通过测试来进行功能性验证的，关注于解决由于数据配置错误或者硬件安装质量造成的问题，并对各项测试结果进行分析。

11.3.1 5G 接入功能验证

1. 验证方法

通过此项测试，检查到待测站点下的 5G 用户能够正常接入 5G 站点，5G 用户接入 LTE 功能正常且尝试 5G NR 小区成功。

（1）连接 Probe 与 CPE，如图 11-11 所示。

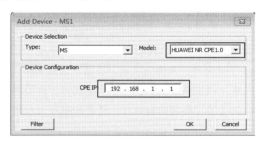

图 11-11　连接 Probe 与 CPE

（2）在 Probe 软件中，选择"Configuration"→"Test Plan Control"选项，打开"Test Plan Control"窗口，单击"Click here to config"链接，如图 11-12 所示。

图 11-12　Probe Test Plan 连续接入设置方法

（3）在 Probe 软件中，单击"Start Test Plan"链接，开始测试并记录测试中出现的问题。

2. 验证准则

对于 5G UE 接入功能测试，验证准则可以参考以下内容。

（1）对于 UE 终端，可以通过 Probe 中的 Test Plan 的执行结果查看 Attach 和 Detach 是否成功，以

NR RA 接入 5G 网络为准。

（2）判断准则：Event 中的 LTE Attach Request 和 NRS Cell RA 为 Success。

11.3.2　DT 覆盖验证

1. 验证方法

覆盖 DT 测试主要是通过路测，检查 UE 接收的 RSRP 和 SINR 是否异常（如是否存在其中一个测试小区的 RSRP 和 SINR 明显差异于其他的小区），确认是否存在 AAU 连接异常、天线安装位置设计不合理、周围环境发生变化导致建筑物阻挡、硬件安装时天线倾角/方向角与规划时不一致等问题。

（1）连接 UE，按照选定的测试路线对待测小区的信号进行测试，可以采用数据业务测试方法，尽可能测试基站周围的所有主要街道。

（2）根据 UE 接收的信号得出区域覆盖图，对比各个小区的 RSRP 覆盖情况和 SINR 分布情况，对其中 RSRP 和 SINR 的分布情况较差的小区应重点关注。

2. 验证准则

（1）站点视距近点范围 RSRP>−75dBm，SINR>15dB，如果站点下信号覆盖较弱，则此项验证不通过，具体要求请参考相应的 KPI。

（2）路测路线 PCI 设置是否与规划一致，若不一致，则此项验证不通过。

11.3.3　5G Ping 业务功能验证

1. 验证方法

通过此项测试，检查待测 5G 小区的 Ping 时延是否正常。测试前需确保 5G 路测系统硬件连接良好，UE 入网成功，并可以从 Probe 上读出 UE 的 5G Serving Cell 的 PCI、RSRP、SINR 等信息；核心网服务器传输正常。

其具体操作步骤如下。

（1）在 Probe 软件中，选择"Configuration"→"Test Plan Control"选项，在打开的窗口中单击"Click here to config"链接，进行如下设置，具体如图 11-13 所示。

图 11-13　Probe Test Plan 循环 Ping 业务设置方法

① Remote Address：设置 Ping 包目标服务器 IP 地址。

② Fragment Flag：分片标记。Ping 大包不通时，此标记设置为 TRUE。

③ Packet Size：表示 Ping 包的大小，图 11-13 中为 32 Byte。

④ Ping Count：Ping 操作次数。

⑤ Network Card：选择测试笔记本电脑与 CPE 连接的网卡。

（2）在 Probe 软件中单击"Start Test Plan"链接，开始测试并记录测试中出现的问题，系统自动循环启动 Ping。

2. 验证准则

对于 5G CPE Ping 时延测试，验证准则可以参考以下内容。

在 Probe 软件中，可以通过选择 "View" → "Service Quality" → "Ping Service Quality Evaluation" 选项，查看 Ping 时延统计结果，如图 11–14 所示。

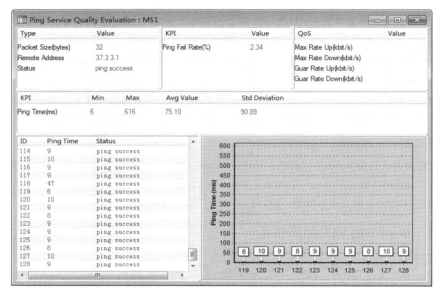

图 11–14　Ping 时延统计结果

在对该站点完成相关的验证后，将详细的分析结果填入《单站点验证报告》。

11.3.4　5G 数据业务功能验证

5G 前期主要的工作是速率测试，测试速率的方法主要有 FTP 测试和灌包测试。对于速率测试，可以根据实际项目需要进行定点或移动性测试，推荐采用 FTP 的方式进行上下行速率测试。但是在 FTP 测试前需要保证已经对 FTP 服务器进行了相关配置和参数的优化，且同时需要保证 FTP 速率测试的计算机硬件配置符合要求，以避免因服务器和测试计算机问题引起 FTP 速率不达标。

1. FTP 验证方法

CPE 可以通过 Probe 的 Test Plan 进行 FTP 测试，在提高测试便利性的同时，避免 Probe PC 与客户端服务器进行相互切换操作的问题。其具体操作步骤如下。

（1）在客户端服务器安装 Probe 客户端软件，安装完成后在 "\GENEX\Probe VxxxRxxx\bin" 目录下找到 DataTestClient.exe 工具并运行，需要记住 Control Channel Port 端口号，后续配置 FTP 测试计划时会使用。

（2）在 Probe 软件中，选择 "Configuration" → "Test Plan Control" 选项，在打开的窗口中单击 "Click here to config" 链接，在测试 FTP 下载时，选择 FTP Download 测试项并进行设置，具体如图 11–15 所示。在测试 FTP 上传时，可以选择 FTP Upload 测试项并进行设置。

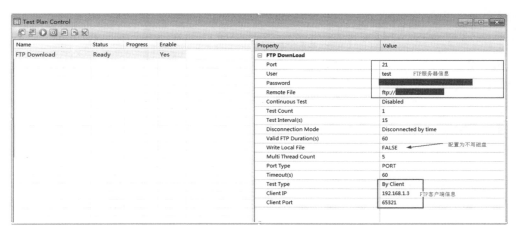

图 11-15　FTP Download 测试项设置

"Test Type"设置为"By Client"，在"Client IP"文本框中输入客户端服务器的 IP 地址，在"Client Port"文本框中输入客户端服务器上 DataTestClient 中 Control Channel Port 的值，将测试计划中"Write Local File"设置为"FALSE"（表示 FTP 测试时文件不写入本地磁盘）。建议将 Continuous Test 设置为 Enable（表示一次下载完成后自动启动下一次下载任务）。其余参数根据实际测试情况配置。

（3）在 Probe 软件中，单击"Start Test Plan"链接，开始测试并记录测试中出现的问题。

2. FTP 验证准则

对于 5G 速率验证测试，其验证准则可以参考以下内容。

在 Probe 软件中，通过选择"View"→"NR"→"Throughput"选项，可以查看 FTP 下载和上传统计结果，如图 11-16 所示。

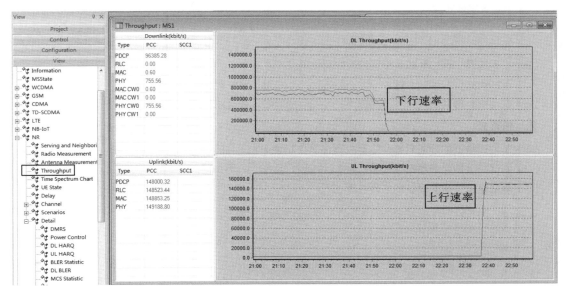

图 11-16　FTP 下载和上传统计结果

11.4 单站点验证报告

单站点验证的所有结果都要在《单站点验证报告》中得到体现，并提交给客户签字，表示该站点已经结束单站点验证阶段的工作。

本章小结

本章首先介绍了单站点验证的目的和基本流程；其次介绍了单站点验证的各种准备工作，包括单站点验证工具、路测设备、站点参数等；再重点介绍了单站点验证的测试项目，包括接入功能验证、覆盖验证、数据业务验证等；最后介绍了单站点验证报告的输出要求。

通过本章的学习，读者应该对 5G 单站点验证工作有一定的了解，对 5G 路测软件的操作有深刻的理解，掌握如何完成单站点验证的各种测试项目。

课后练习

1. 选择题

（1）如果测试过程或结果显示有明显问题，则需要将这些问题记录在（　　　）中，并给出问题分析结果。

    A. 《单站点验证问题记录表》   B. 《单站点验证报告》

    C. 《簇优化报告》   D. 《工程参数表》

（2）NSA 组网架构下，辅站添加的测量事件是（　　　）。

    A. A2   B. A3   C. B1   D. B2

（3）（多选题）5G 单站点验证包含的测试项有（　　　）。

    A. Attach&Detach 测试   B. 速率测试

    C. Ping 时延测试   D. 覆盖测试

2. 简答题

（1）单站点验证的功能有哪些（至少写出 3 个功能）？

（2）测试路线通常遵循哪些原则？

（3）单站点验证前要确认的条件有哪些？

Chapter

12

第 12 章
5G RF 优化

RF 优化即针对无线射频信号的优化，其目的是在优化网络覆盖的同时保证良好的接收质量，同时网络具备正确的邻区关系，从而保证下一步业务优化时无线信号的分布是正常的，为优化工作打下良好的基础。

本章主要讲述 RF 优化的基本原理和流程，重点突出 RF 优化过程中如何进行数据的收集和分析，并特别指明 Massive MIMO 下的分析方法。

课堂学习目标

- 了解网络中常见的 RF 问题

- 掌握 RF 优化的目标

- 掌握 RF 优化的测试方法

- 掌握基于 5G Massive MIMO RF 优化的分析方法

12.1 RF 优化概述

随着 5G 商用网络的陆续建设，为了满足网络验收标准需要进行针对性的优化。其中，RF 优化是每个实际网络中最常用的优化手段。RF 优化是对无线射频信号的优化，目的是优化信号覆盖、改善切换、控制干扰、优化负载均衡和提升小区吞吐量等。

12.1.1　5G 空中接口常见问题

空中接口 RF 优化是 5G 网络建设中最重要，同时是在网络生命周期初期就需要开展的工作。在网络建设完成后，由于规划参数的不当，造成的典型空中接口问题如下。

（1）弱覆盖：指网络中出现了连续的覆盖空洞区域，影响了用户的接入。对于弱覆盖的定义，不同运营商的指标要求可能不一样，针对 5G 空中接口，典型的弱覆盖定义是指参考信号 SSB 或 CSI–RS 的电平低于–110dBm。

（2）越区覆盖：指网络中某个小区的覆盖范围远远超过了规划的覆盖范围，跨越了 2 个或多个小区范围。越区覆盖对网络的主要影响是该越区小区会对直接邻区和非直接邻区都形成干扰。

（3）重叠覆盖：指网络中 2 个或多个同频小区重叠覆盖的区域过大，对网络的影响会造成系统内干扰。重叠覆盖问题对于用户来说可能不会影响接入的连通性，但对业务体验的影响会比较大。

以上 3 点是 5G 无线空中接口最本质的问题，如果空中接口存在以上 3 类问题，则会衍生出以下几类空中接口性能问题。

（1）高干扰：当小区电平值满足要求，但信噪比低时即可认为是干扰导致的。5G 的干扰包括系统内干扰和外部干扰。系统内干扰的主要原因即是越区覆盖或者重叠覆盖。

（2）切换性能差：弱覆盖、重叠覆盖和越区覆盖都会影响切换性能。除此之外，邻区配置问题也是影响切换性能的重要因素之一。

（3）业务速率低：这是空中接口中表现最复杂的问题，前面提到的任何一个问题都有可能导致业务速率低，除了空中接口质量问题，还有其他许多原因也会导致速率低。因此，在 RF 优化过程中，空中接口速率指标只作为参考。

在 5G 网络中，一般以上几个问题会同时出现，在优化的时候需要综合考虑。

12.1.2　RF 优化生命周期

如表 12-1 所示，网络优化是一个长期的过程，包括网络建设阶段、网络交付阶段、性能提升阶段以及持续性优化服务阶段。无论在哪个阶段，RF 优化都是整个无线优化的基础，只有 RF 性能达标了，才能够针对其他专项性能进行专题优化。

表 12-1　网络优化阶段

阶　　段	特　　点	解决网络问题	数据源
网络建设阶段	在网络建设的过程中，当 Cluster 内的站点全部建设完成或者 80% 的站点建设完成时就需要对 Cluster 进行优化	覆盖问题、干扰问题、切换问题等	DT 数据、gNodeB 侧跟踪数据
网络交付阶段	全网建成后为达到覆盖率和 KPI 指标要求进行的优化，主要优化区域为 Cluster 交界处。优化方法和特点与 Cluster 优化相同	覆盖问题、干扰问题、切换问题等	DT 数据、gNodeB 侧跟踪数据
性能提升阶段	在网络运营阶段，为了进一步提升网络质量，满足日益增长的用户需求，集中人力对网络进行优化，短期内提升网络的运行和服务质量，提升品牌效应	覆盖问题、负载问题、吞吐量问题等，并解决用户投诉问题	话务统计数据、MR 或者 DT 数据、gNodeB 侧跟踪数据

续表

阶　段	特　点	解决网络问题	数据源
持续性优化服务阶段	在网络运营阶段，通过日常网络的性能监控、网络质量评估检查发现网络问题，保障网络质量的稳定。针对发现的网络问题提升网络性能，并完成对网络优化维护人员的技能传递	覆盖问题、干扰问题、掉话问题等	话务统计数据、MR等

12.2　RF 优化原理

RF 优化主要是依据各种收集到的数据，进行一系列的优化工作，包括覆盖优化、干扰优化、速率优化等。

12.2.1　5G 网络优化目标

5G 侧 RF 优化的目标主要有以下 3 个。

（1）优化信号覆盖，保证目标区域的 RSRP/SINR 满足建网的覆盖标准。

（2）解决路测过程中发现的 RF 问题，如前面提到的弱覆盖、越区覆盖、重叠覆盖等问题。

（3）结合吞吐率情况，优化覆盖区域和切换带。传统的 RF 优化还需要考虑负载均衡问题，但 5G 建网初期，如果网络负载不高，这一部分的优化可以暂不考虑。

对于目标（1），首先需要明确 5G 建网的覆盖标准。以精品路线随时随地实现 100Mbit/s 的演示目标为例，反映到覆盖上就是对应的 RSRP 和 SINR。需要使用理论公式建立用户速率需求与无线网络覆盖、容量的映射。输出对目标区域 RSRP/SINR 满足率的要求，后续的覆盖优化以此为标准进行。

对于目标（2）和目标（3），主要是为了避免出现 RF 问题导致的用户体验差、速率掉坑和掉话等问题，保证演示目标的达成。在此基础上，结合演示路线的吞吐率情况，合理地调整 NR 小区的覆盖区域和切换带，通过 RF 调整可以有效地提升路测性能。

和 LTE 一样，5G 中覆盖类的关键指标主要是 RSRP 和 SINR。但是 5G 中 RSRP/SINR 的种类和 LTE 不同。具体来说，LTE 中的 CRS 功能被剥离为两种测量量——SSB 和 CSI-RS。相应的，SSB RSRP/SINR 体现了广播信道的覆盖与可接入能力；CSI RSRP/SINR 体现了业务信道的能力。5G 中定义的覆盖相关测量指标如表 12-2 所示，不同的指标用于不同信道及场景下的评估。

表 12-2　5G 中定义的覆盖相关测量指标

对比项	空闲态	连接态	去激活态
功率	SSB RSRP	CSI RS RSRP	PDSCH RSRP
信干比	SSB SINR	CSI RS SINR	PDSCH SINR

网络质量评估作为 RF 优化的一个重要环节，需要根据采集数据进行细致的网络质量分析。重点考核指标为 RSRP 和 SINR，具体如表 12-3 所示。由于波束定义的差别，相同覆盖点位下，SSB RSRP/SINR、CSI RSRP/SINR、PDSCH RSRP/SINR 可能差别很大。根据每个信道特点的不同，当前 5G 网络一般只采用 SSB 的 RSRP 和 SINR 作为覆盖评估的主要指标。在下文中，如无特别说明，RSRP 和 SINR 均指 SSB 的 RSRP 和 SINR。

表 12-3　RF 质量问题分析指标

RF 质量评估指标	反映的网络质量问题	评估指标
SSB_RSRP	代表了实际信号可以达到的程度，是网络覆盖的基础。主要与站点密度、站点拓扑、站点挂高、频段、EIRP、天线倾角/方位角相关。5G 网络中终端可以测试 SSB 以及 CSI-RS 的电平，但是在覆盖评估中，一般只采用 SSB 的 RSRP 作为电平的评估	平均 RSRP：通过测试工具（Probe/Assistant）统计地理化平均后的服务小区或者 1st 小区 RSRP 平均值
		边缘 RSRP：通过测试工具（Probe/Assistant）统计地理化平均后的服务小区或者 1st 小区 RSRP CDF 图中 5%点的值
SSB_SINR	从覆盖上能够反映网络 RF 质量的比较直接的指标，SINR 越高，反映网络质量可能越好，用户体验也可能越好。5G 网络中终端可以测试 SSB 以及 CSI-RS 的 SINR，但是在覆盖评估中，一般只采用 SSB 的 SINR 作为电平的评估	实测平均 SINR：通过测试工具（Probe/Assistant）统计地理化平均后的服务小区或者 1st 小区均衡前 RS SINR 平均值
		实测边缘 SINR：通过测试工具（Probe/Assistant）统计地理化平均后的服务小区或者 1st 小区均衡前 RS SINR CDF 图中 5%点的值
吞吐率	表示下行吞吐率能够达到的程度，不仅受 RF 质量因素影响，还与其他因素相关，所以此值只在一定程度上反映 RF 质量优劣，它主要与 SINR、CQI 值相关	平均吞吐率：测试中反映每个 RB 上的平均下行吞吐率
		边缘吞吐率：测试中反映每个 RB 上的下行吞吐率 CDF 图中 5%点的值

12.2.2　5G 不同组网架构下的 RF 优化差异

前面提到，5G 的组网架构分为非独立组网架构和独立组网架构两类。在非独立组网架构下，由于网络信令面的锚点在 4G 侧，5G 侧仅仅提供用户面的连接，因此，5G 侧主要的优化指标是覆盖、干扰以及速率的优化，切换性能主要还是和 4G 网络相关。如果是独立组网架构，则信令面和用户面都是 5G 侧的空中接口，因此在 RF 优化时需要关注所有的指标。

12.2.3　数据分析与优化

前面介绍了 5G 空中接口的典型问题，接下来介绍这些问题主要的解决思路。

1. 弱覆盖优化

弱覆盖/覆盖漏洞：若小区的信号低于优化基线，导致终端接收到的信号强度很不稳定，通话质量很差或者下载速度很慢，容易掉网，则认为其是弱覆盖区域；若信号强度更低或者根本无法检测到信号，终端无法入网，则认为其是覆盖漏洞区域，如图 12-1 所示。具体判断可以利用测试得到最强小区的 RSRP 与设定的门限进行比较，如弱覆盖门限一般为-120～-110dBm，覆盖空洞门限参考协议设置为-124dBm。弱覆盖门限并不是基线，每个运营商都会有自己的覆盖要求。

通常，弱覆盖/覆盖漏洞产生的原因主要是建筑物等障碍物的遮挡或者不合理的规划。处于弱覆盖/覆盖漏洞的 UE 下载速率低，用户体验差。

弱覆盖与覆盖漏洞的场景一样，只是信号强度强于覆盖漏洞但是又不足够强，低于弱覆盖的门限。关于弱覆盖及覆盖漏洞的解决方法如下。

（1）确保问题区域周边的小区都正常工作，若周边有最近的站点未建设完成或者小区未激活，则不需要调整 RF 解决。

（2）对该区域内检测到的 PCI 与工程参数表中的 PCI 进行匹配，根据拓扑和方位角等选定目标的主服务小区，此时可能不止一个，并确保天线没有出现接反的现象。

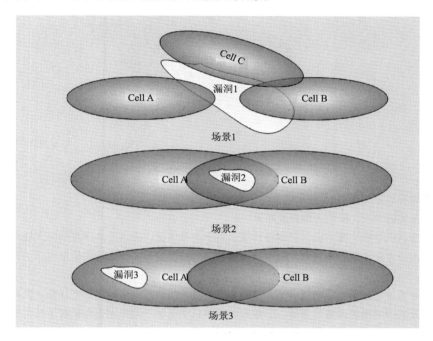

图 12-1　覆盖漏洞场景

（3）如果各个基站均工作正常且工程安装正常，则需要从现有的工程参数表中分析并确定调整哪一个或者多个小区来增强此区域信号强度。如果离站点位置较远，则考虑抬升发射功率和下倾角；如果明显不在天线主瓣方向，则考虑调整天线方位角；如果距离站点较近出现弱覆盖而远处的信号强度较强，则考虑下压下倾角。

（4）如果弱覆盖或者覆盖漏洞的区域较大，通过调整功率、方位角、下倾角难以完全解决的，则考虑通过新增基站或者改变天线高度来解决。

（5）对于电梯井、隧道、地下车库或地下室、高大建筑物内部的信号盲区，可以利用室内分布系统、泄漏电缆、定向天线等解决。

此外，还需要注意分析场景和地形对覆盖的影响，如弱覆盖区域周围是否有严重的山体或建筑物阻挡，弱覆盖区域是否需要特殊覆盖解决方案等。

2. 越区覆盖的优化

越区覆盖一般是指某些基站的覆盖区域超过了规划的范围，在其他基站的覆盖区域内形成不连续的主导区域。例如，某些大大超过周围建筑物平均高度的站点，发射信号沿丘陵地形或道路可以传播很远，在其他基站的覆盖区域内形成了主导覆盖，产生"岛"的现象。因此，当呼叫接入到远离某基站而仍由该基站服务的"岛"形区域上，并且在小区切换参数设置时，"岛"周围的小区没有设置为该小区的邻近小区，一旦移动台离开该"岛"，就会立即发生掉话。即便配置了邻区，由于"岛"的区域过小，也容易造成切换不及时而掉话。此外，类似于港湾的两边区域，如果不对海边基站规划做特别的设计，就会很容易因港湾两边距离过近造成这两部分区域的互相越区覆盖，形成干扰。如图 12-2 所示，Cell A 为越区覆盖小区。

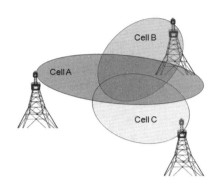

图 12-2　越区覆盖问题

越区覆盖的解决方法如下。

（1）对于高站的情况，降低天线高度即可。

（2）避免扇区天线的主瓣方向正对道路传播。对于此种情况，应当适当调整扇区天线的方位角，使天线主瓣方向与街道方向稍微形成斜角，利用周边建筑物的遮挡效应减少电波因街道两边的建筑反射而覆盖过远的情况。

（3）在天线方位角基本合理的情况下，调整扇区天线下倾角，或更换电子下倾角更大的天线。调整下倾角是最为有效的控制覆盖区域的手段。下倾角的调整包括电子下倾角调整和机械下倾角调整两种方法，如果条件，则允许优先考虑调整电子下倾角，再调整机械下倾角。

（4）在不影响小区业务性能的前提下，降低载频发射功率。

3. 重叠覆盖及干扰优化

由于 5G 属于同频网络，因此同频干扰问题是 5G RF 优化关注的重点对象。在进行 RF 优化时，需要针对同频干扰进行识别，其主要表现为重叠覆盖。

重叠覆盖是指多个小区存在深度交叠，RSRP 比较好，但是 SINR 比较差，或者多个小区之间乒乓切换，用户体验差。如图 12-3 所示，重叠覆盖主要是多个基站共同作用的结果，因此，重叠覆盖主要发生在基站比较密集的城市环境中。正常情况下，在城市中容易发生重叠覆盖的几种典型的区域为高楼、宽的街道、高架桥、十字路口、水域周围的区域。

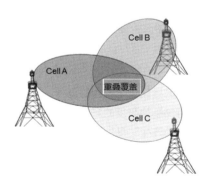

图 12-3　重叠覆盖区域

一般通过设置 SINR 的门限和根据以下方式来判断是否有重叠覆盖区域：与最强小区 RSRP 相差在一定门限（一般为 5dB）范围以内的邻区个数在两个以上。此种方式的使用前提是排除了弱覆盖，因为弱覆盖也会导致 SINR 比较差的情况出现。

重叠覆盖一般带来的用户体验非常差，会出现接入困难、频繁切换、掉话、业务速率不高等现象。

处理干扰可根据具体的原因采取不同的改善措施。

（1）小区拓扑结构不合理。

由于站址选择的限制和复杂的地理环境，可能出现小区布局不合理的情况。不合理的小区布局可能导致部分区域出现弱覆盖，而部分区域出现多个参考信号强覆盖。此问题可以通过更换站址来解决，但是现网操作会比较困难，在有困难的情况下，可以通过调整方位角、下倾角来改善重叠覆盖情况。

（2）天线挂高较高。

当一个基站选址太高时，相对周围的地物而言，周围的大部分区域都在天线的视距范围内，使得信号在很大范围内传播。站址过高会导致不容易控制越区覆盖，容易产生重叠覆盖。此问题主要通过降低天线挂高来解决，但是很多 5G 站点与 4G 共站，受天面的限制难以调整天线挂高，在此情况下，可以通过调整方位角、下倾角、参考信号功率等改善重叠覆盖情况。

（3）天线方位角设置不合理。

在一个多基站的网络中，天线的方位角应该根据全网的基站布局、覆盖需求、话务量分布等合理设置。一般来说，各扇区天线之间的方位角的设计应该是互为补充的。若没有合理设计，则可能会导致部分扇区同时覆盖相同的区域，形成过多的参考信号覆盖；或者其他区域覆盖较弱，没有主导参考信号。这些都可能造成重叠覆盖，需要根据信号分布和站点的位置关系进行天线方位的调整。

（4）天线下倾角设置不合理。

天线的倾角设置是根据天线挂高相对周围地物的相对高度、覆盖范围要求、天线型号等来确定的。当天线下倾角设置不合理时，在不应该覆盖的地方也能收到其较强的覆盖信号，造成了对其他区域的干扰，这样就会造成重叠覆盖，严重时会引起掉话。此种情况下，可以根据信号的分布和站点的位置关系来调整下倾角至合理取值。

（5）SSB 信号功率设置不合理。

当基站密集分布时，若规划的覆盖范围小，而设置的参考信号功率过大，则当小区覆盖范围大于规划的覆盖范围时，也可能导致重叠覆盖问题。在不影响室内覆盖的情况下，可以考虑降低部分小区的 SSB 信号功率。

（6）覆盖区域周边环境影响。

由于无线环境的复杂性，包括地形地貌、建筑物分布、街道分布、水域等各方面的影响，使得参考信号难以控制，无法达到预期状况。

周边环境对重叠覆盖的影响包括以下 3 个方面。

① 高大建筑物/山体对信号的阻挡。如果目标区域预定由某基站覆盖，而该基站在此传播方向上遇到建筑物/山体的阻拦导致覆盖较弱，则目标区域可能由于没有主导参考信号而造成重叠覆盖。

② 街道/水域对信号的传播。当天线方向沿街道/水域时，其覆盖范围会沿街道/水域延伸过远，在沿街道/水域的其他基站的覆盖范围内，可能会造成重叠覆盖。

③ 高大建筑物对信号的反射。当基站近处存在高大玻璃建筑物时，信号可能反射到其他基站覆盖范围内，造成重叠覆盖。

针对以上问题，可以通过调整方位角、下倾角来调整小区之间的较低区域的信号覆盖范围，减少街道效应和反射带来的影响。

4．针对负载问题的优化（可选）

通过话务统计数据发现某些小区资源利用率过高，导致本小区内出现拥塞、无法入网、掉话等问题，用户体验差，同时对邻区的干扰较大，影响邻区用户体验。

此类问题可以通过 KPI 的监控设置来解决，设置一定的负载门限，当小区的覆盖高出此门限时将会进行提示。一般会因为用户的增加或者特殊业务的需求导致一片区域的资源需求增加，负载变大；或者因为用户分布不均匀，而导致某些小区下面用户数偏多，资源不够，而周边一些小区的用户数较少，资源利用率低。

通过分析问题小区和周边邻区的拓扑及覆盖关系，如果此区域内小区的负载都比较高，则可以考虑通过加基站扩容来解决。如果只是某些小区负载较高，而周边有邻区负载较低，则可以根据用户分布通过调整轻载小区的方位角和下倾角来吸收用户，缓解高负载小区的压力。同时，也可以调整高负载小区的方位角、下倾角和功率来进行配合。如果无法获取用户分布，则可以根据覆盖分布来适当提升空载小区的覆盖范围，降低高负载小区的覆盖范围。

5．空中接口速率优化

通常，上述弱覆盖、重叠覆盖、高负载等问题都会影响到小区的吞吐量，解决这些问题后都会提升小区的吞吐量。这里主要是指通过 DT 数据测试发现小区的平均 CSI-SINR 较低或者通过话务统计发现小区的频谱效率较低，需要对整个小区或者整网进行 RF 调整，以提升全网的平均 SINR 和频谱效率，如表 12-4 所示。

表 12-4　DT 数据统计的小区平均 SINR

Cell PCI	平均 CSI-RS SINR(dB)
54	13.53389831
55	1.823316062
56	20.24874317
57	−2.384375
58	6.912068966
59	19.93938053
61	8.992029756
63	25.71689655
64	14.87392857

可以通过 DT 数据统计小区的平均 SINR 或者根据话务统计数据统计小区的频谱效率、满载吞吐率来发现问题小区。

6．RF 优化措施总结

RF 优化的目的主要是解决现网的网络问题，以提升各 KPI 指标，主要包含切换成功率、掉话率、接入成功率、小区频谱效率/小区吞吐量等。

在邻区配置合理的前提下，主要通过调整如下工程参数加以解决。

（1）天线下倾角。

应用场景：主要应用于过覆盖、弱覆盖、重叠覆盖、过载等场景。

（2）天线方向角。

应用场景：主要应用于过覆盖、弱覆盖、重叠覆盖、覆盖盲区、过载等场景。

以上两种方式在 RF 优化过程中是首选的调整方式，调整效果比较明显。天线下倾角和方向角的调整幅度要视问题的严重程度和周边环境而定。

但是有些场景实施难度较大，在没有电子下倾的情况下，需要上塔调整，人工成本较高；某些与 4G 共天馈的场景需要考虑 4G 性能，一般不易实施。

（3）参考信号功率。

应用场景：主要应用于过覆盖、重叠覆盖、过载等场景。

调整参考信号功率易于操作，对其他制式的架构影响也比较小，但是增益不是很明显，对于问题严重的区域改善效果较差。

（4）天线高度。

应用场景：主要应用于过覆盖、弱覆盖、重叠覆盖、覆盖盲区（在调整天线下倾角和方位角效果不理想的情况下选用）等场景。

（5）天线位置。

应用场景：主要应用于过覆盖、弱覆盖、重叠覆盖、覆盖盲区（在调整天线下倾角和方位角效果不理想的情况下选用）等场景。

（6）天线类型。

应用场景：主要应用于重叠覆盖、弱覆盖等场景，以下场景应考虑更换天线。

① 天线老化导致天线工作性能不稳定。

② 天线无电下倾角可调，但是机械下倾角很大，天线波形已经畸变。

（7）站点位置。

应用场景：主要应用于重叠覆盖、弱覆盖、覆盖不足等场景，以下场景应考虑搬迁站址。

① 主覆盖方向有建筑物阻挡，使得基站不能覆盖规划的区域。

② 基站距离主覆盖区域较远，在主覆盖区域内信号弱。

（8）新增站点/小区分裂。

应用场景：主要应用于扩容、覆盖不足等场景。

在现网中最常用的是前两种措施，当前两种措施无法实施的时候会考虑调整参考信号功率。后面几种措施实施成本较高，应用的场景也比较少。

12.3　RF 优化流程

在介绍完了 RF 优化的思路和措施之后，接下来将介绍 RF 优化具体实施的方法。RF 优化最主要的一个数据源就是终端的路测数据，一般需要在路测过程中采集数据并对数据进行分析，最后得出优化的结论。同时，RF 优化一般一次很难达到网络优化目标，需要根据优化目标进行多次迭代，每次优化后需要再次采集数据进行分析，判断是否能够达到最初确定的优化目标，若不能达到，则需要继续对数据进行分析并给出优化建议。通常，人工优化时，仅凭工程师的经验无法进行全面的预测，可能会经过 2 或 3 轮的优化，现在已经有了优化工具可以对优化建议进行预测，能够预先判断优化的结果，对于不合理的建议，可以适当进行调整，减少了优化迭代次数，提升了优化效率，RF 优化流程如图 12-4 所示。

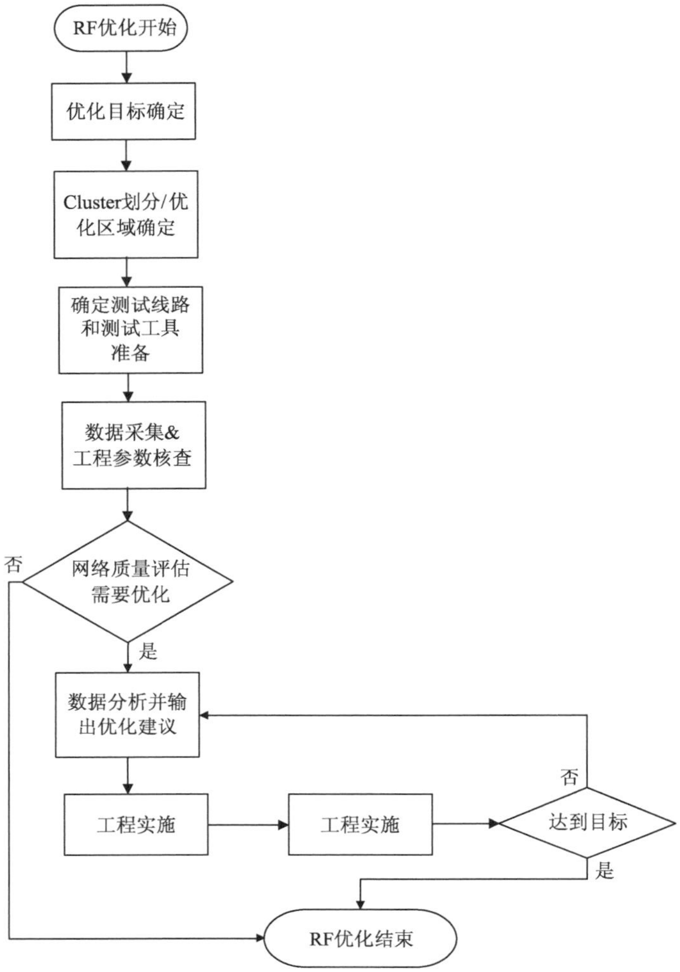

图 12-4　RF 优化流程

12.3.1　优化目标确定

不同的网络阶段针对不同的网络问题优化目标是不同的，在优化前需要先确认本次优化的目标。通常，在网络建设和网络交付阶段以合同中要求的 KPI 验收目标作为 RF 优化的目标，主要针对以下几个指标进行优化：RSRP、SINR、切换成功率、小区吞吐率等。

在网络运营阶段会根据具体的优化触发因素来确定优化目标，如对于高负载问题，需要通过 RF 优化将负载降到要求的门限以下；对于频谱效率低或者容量问题，需要通过优化将频谱效率和小区平均吞吐量提升到所要求的门限值，解决这些问题的同时也需要保障 KPI 要求。另外，可能会因为环境的变化使得现在的覆盖指标达不到初始建网的 KPI 要求，此时需要重新调整现有的 RF 参数，以便适应现在的传播环境，满足 KPI 要求；或者根据用户的具体投诉问题作为目标进行优化。

12.3.2　Cluster 划分/优化区域确定

在网络运营阶段和集中优化网络性能提升阶段，路测之前需要将整个优化区域划分成不同 Cluster。合理的簇划分能够提升优化的效率，方便路测并能充分考虑邻区的影响。通常，Cluster 划分要充分与客户沟通达成一致意见。具体的簇划分需要考虑以下因素。

（1）根据经验，簇的数量应根据实际情况确定，20 ~ 30 个基站为一簇，数量不宜过多或过少。

（2）同一 Cluster 不应跨越测试覆盖业务不同的区域。

（3）可参考运营商已有网络工程维护用的 Cluster 划分。

（4）行政区域划分原则：当优化网络覆盖区域属于多个行政区域时，按照不同行政区域划分 Cluster 是一种容易被客户接受的做法。

（5）通常按蜂窝形状划分 Cluster 比长条状的 Cluster 更为常见。

（6）地形因素影响：不同的地形地势对信号的传播也会有影响。山脉会阻碍信号传播，是 Cluster 划分时的天然边界。河流会导致无线信号传播得更远，对 Cluster 划分的影响是多方面的：如果河流较窄，则需要考虑河流两岸信号的相互影响，如果交通条件许可，应当将河流两岸的站点划分在同一 Cluster 中；如果河流较宽，则需要关注河流上下游间的相互影响，并且此情况下通常两岸交通不便，需要根据实际情况以河道为界划分 Cluster。

（7）路测工作量因素影响：在划分 Cluster 时，需要考虑每一个 Cluster 中的路测可以在一天内完成，通常以一次路测大约 4 小时为宜。

对于网络运营阶段由具体网络问题触发的 RF 优化，需要由问题小区来构造优化区域。构建优化区域的目的是限制优化范围，以避免涉及过多不相关的小区。对于同时有多个问题小区的，还需要进一步判断是否可以连片处理。

12.3.3　确定测试路线

路测之前，应与客户确认 KPI 路测验收路线，如果客户已经有预定的路测验收路线，在 KPI 路测验收路线确定时应该包含客户预定的测试验收路线。在测试路线的制定过程中，可重点了解客户关注的 VIP 区域，要重点关注 VIP 区域的网络情况，注意是否存在明显或较严重的问题点，对这些问题点要优先分析解决，如因客户原因导致，应及时向客户预警知会。如果发现由于网络布局本身等客观因素，不能完全满足客户预定测试路线覆盖要求，则应及时说明，同时保留好相关邮件或会议纪要。

KPI 路测验收路线是 RF 优化测试路线中的核心路线，决定了 KPI 能否达标，后期的优化、验收都会围绕此路线进行。在路线规划中，应考虑以下因素。

（1）测试路线必须涵盖主要街道、重要地点和重点客户，建议包含所有能够测试的街道。

（2）为了保证基本的优化效果，测试路线应括所有小区，并且至少 2 次测试（初测和终测）应遍历所有小区。

（3）考虑到后续整网优化的需要，测试路线应包括相邻 Cluster 的边界部分。

（4）为了准确地比较性能变化，每次路测时最好采用相同的路测线路。

（5）建议在测试路线上进行往返双向测试，这样有利于问题的暴露。

（6）测试开始前要与司机充分沟通或在实际通车确认线路可行后再与客户沟通确定。

（7）在确定测试路线时，要考虑诸如单行道、左转限制等实际情况的影响，应严格遵守基本交通规则（如右行等）和当地的特殊交通规则（如绕圈转向等）。

重复测试线路要进行区分表示。在规划线路中，会不可避免地出现交叉和重复，可以使用不同的带方向的线条标注，如图 12-5 所示。

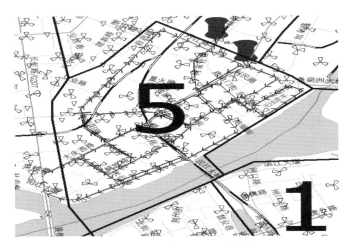

图 12-5　某项目某 Cluster 测试路线图

12.3.4　测试工具和资料准备

RF 优化之前需要准备必要的软件（见表 12-5）、硬件（见表 12-6）和资料（见表 12-7），以保证后续测试分析工作的顺利进行。

以下所列的工具为采集和分析数据时可能用到的，实际测试时根据具体的采集数据来准备相应的工具。

表 12-5　软件准备

序　号	软件名称	作　用
1	Genex Probe	路测
2	Genex Assistant	DT 数据分析、邻区检查
3	MapInfo	地图地理化显示、图层制作
4	U-Net	覆盖及容量仿真
5	Google Earth	基站地理位置和环境显示，海拔显示

表 12-6　硬件准备

序　号	设　备	内　容	备　注
1	扫频仪	Scanner	目前可采用测试 UE 作为 Scanner
2	GPS	普通 GARMIN 系列 GPS	路测中置于车顶为佳
3	测试终端	华为 CPE，华为手机	测试前确认版本
4	便携式计算机	8GB 内存，256GB 以上硬盘	此为基本配置，最好使用配置较高的测试计算机
5	车载逆变器	直流转交流，功率规格在 300W 以上	可同时备上排插
6	测试 License	Probe、Assistant License	确保在使用期内

表 12-7　资料准备

序　号	所需资料	是否必需	备　注
1	工程参数总表	是	最新版本
2	MapInfo 地图	是	交通道路图层、最新站点图层、测试路线图层

续表

序　号	所需资料	是否必需	备　　注
3	Google Earth	是	测试区域 GE 缓存地图，另可备纸质地图供参考或交流使用
4	KPI 要求	是	—
5	网络配置参数	是	—
6	勘站报告	否	路测前了解
7	单站点验证 Checklist	否	—
8	待测楼层平面图	是	室内测试用

12.3.5　数据采集

1. DT 数据

根据规划区域的全覆盖业务的不同，可选择不同业务测试类型（包括语音长呼、短呼，数据业务上传、下载等），考虑到当前终端支持数据业务。目前主要进行数据业务测试，通常采用以下测试内容之一。

（1）室内测试。

室内环境测试时无法取得 GPS 信号，测试前需要获取待测区域的平面图。

室内测试分为步测和楼测两种类型。对建筑物内部的平面信号分布的采集，应采用步测方式，在"Indoor Measurement"窗口的右键菜单中选择"Walking Test"选项；对建筑物内部纵向的信号分布的采集，应采用楼测方式，在"Indoor Measurement"窗口的右键菜单中选择"Vertical Test"选项。室内测试业务是合同中（商用局）或规划报告中（试验局）要求连续覆盖的业务，测试方式同 DT 测试任务，呼叫跟踪数据采集要求与 DT 测试相同。

（2）数据跟踪与后台配合。

根据不同的测试任务，后台需要进行不同的跟踪和配合。需要后台进行跟踪的操作必须在测试开始前完成，所有测试数据应按照统一的规则保存。

在一次 UE 测试过程中，所涉及的跟踪和需保存的数据如表 12-8 所示。

表 12-8　测试中的采集数据列表

序　号	数　　据	文件格式	是否必需	备　　注
1	Probe 测试数据	.gen	是	测试结果分析与问题定位
2	gNodeB 跟踪数据	.tmf	是	辅助问题分析与定位
3	核心网跟踪数据	.tmf	否	辅助问题分析与定位

在验证测试中，如需后台配合进行同步操作，如调整下倾角、修改参数等，应在测试前确定好后台配合人员，并沟通好相关事宜，如操作的对象、操作的时间、数据保存的要求等。

2. 话务统计数据

话务统计是一种在设备及其周围的通信网络中进行各种数据的测量、收集及统计的活动。话务统计数据可以用于日常的网络监控，也可以用于问题分析。网络优化时，可以通过监控小区的接入成功率、切换成功率、掉话率、频谱效率、负载等来发现问题小区，还可以通过两两小区之间的切换次数及切换成功次数分析小区之间的关系，并结合具体的问题给出分析和优化建议。利用话务统计数据主要目的是快速给出响应，且对网络开销没有任何影响，可以使用网管采集相关的 Counter，人工定义公式进行计算或者通过

PRS 直接对采集的 Counter 进行处理。

12.3.6　工程参数核查

工程参数核查主要是为了在优化过程前期，对网络工程参数、PCI、邻区等信息进行排查，消除因为工程参数或配置不准确导致的网络影响。

1. PCI 核查

PCI 核查主要进行如下检测。

（1）PCI 与配置信息是否一致，检测工程参数信息与基站配置是否相同。

（2）PCI 冲突核查，在优化初期，可以根据网络拓扑结构，结合网络规划工具 U-Net 进行检测。

2. 邻区核查

邻区核查用于检测邻区是否漏配，避免因为漏配导致的切换问题发生，影响覆盖指标。可利用网络规划工具 U-Net 进行邻区核查。

3. 工程参数一致性核查

优化初期，需要核查工程参数一致性，避免工程参数错误导致的问题发生。工程参数核查涉及 RF 工程参数检测，在条件允许的情况下，可以上站进行核查。

12.3.7　RF 优化整体原则

以上介绍了无线 RF 优化过程中的常见问题及处理方法。在实际优化过程中，可以根据具体问题采取不同的措施，整体的优化原则如下。

（1）先主后次原则：优先解决面的问题，再解决点的问题，由主及次。

（2）软参优先原则：上站调整天馈在时间、资金上成本较高，优先考虑通过调整系统参数配置的措施调整覆盖或解决 RF 问题，尽可能减少上站次数。

（3）数据和勘测支撑原则：要有坚实的数据和工程计算来支撑优化方案的制定，对复杂的场景，要安排到实际站点进行勘测。

（4）预期明确原则：对优化方案预期达到的效果和可能产生的影响要有清楚的认识，尽量采用仿真工具进行预测验证。

（5）测试验证原则：所有的 RF 调整方案要及时进行复测验证，由于 RF 调整结果的不确定性较高，条件允许的情况下，可以边调边测。

（6）问题收敛原则：RF 优化过程中，要避免解决一个问题的同时引入新的问题。对于优化动作的影响要进行仔细的评估，确保问题的总数是收敛的。

（7）性能优先原则：RF 优化过程中，除了关注覆盖、干扰和切换等 RF 问题，还要注意对吞吐率的影响，优化时如果两者出现矛盾，应优先确保业务性能最佳。

12.4　基于 Massive MIMO 的场景化波束优化

前面内容提到，5G 中引入了 Massive MIMO 的机制，所有下行信道都是采用多个窄波束来发送的，而之前的系统采用了单个宽波束的机制。基于此机制，在进行 5G 无线 RF 优化的时候，需要专门针对 Massive MIMO 的波束进行优化。

12.4.1　5G SSB 波束优化

5G NR 改进了 LTE 基于宽波束的广播机制，采用窄波束轮询扫描覆盖整个小区，选择合适的时频资源发送窄波束。此外，广播波束还引入了场景化波束机制，即根据不同场景配置不同的广播波束，以匹配多种多样的覆盖场景，如楼宇场景、广场场景等。不同的天线类型支持的场景数量不一样。以下以某个型号的 AAU 天线为例，介绍了几种典型的场景，如表 12-9 所示。

表 12-9　SSB 波束典型场景

场景	水平扫描范围	水平面波束个数(个)	垂直扫描范围	垂直面波束个数(个)	数字倾角
1	105°	7+1	6°	2	−6°～12°
2	65°	1	6°	1	−6°～12°
3	110°	8	25°	1	−
4	110°	8	6°	1	−6°～12°
5	90°	6	12°	1	−3°～9°
6	65°	6	25°	1	−
7	25°	2	25°	4	−

以上 7 种波束的特点和应用场景如表 12-10 所示。

表 12-10　7 种波束的特点和应用场景

波束配置	波束特点	应用场景映射	场景举例
1	既可获得远点相对高的增益，也可以保证近点用户的接入	默认配置，室外密集城区/城区连续组网	室外密集城区/城区连续组网
2	与传统的宽波束类似，水平覆盖范围有限，主要用于峰值场景，节约开销	峰值速率测试场景	N/A
3	在垂直覆盖要求比较高时，垂直面可以覆盖更大的角度，但波束增益下降	规划阶段不推荐，可作为优化手段	N/A
4	水平覆盖要求较高的广覆盖场景，相对于场景 1，垂直面波宽更窄，波束增益更高，可以提升远点覆盖性能	规划阶段不推荐，可作为优化手段	N/A
5	适用于广范围立体浅覆盖，但是水平范围比场景 1 略小	规划阶段不推荐，可作为优化手段	N/A
6	适用于楼宇浅覆盖，相对场景 1，水平范围较小，垂直范围较大	规划阶段不推荐，可作为优化手段	N/A
7	适用于楼宇深度覆盖，垂直维度的波束增益较高	高层楼宇深度覆盖	高层写字楼/居民楼

在网络规划阶段，应当结合实际场景应用不同的场景化波束，但往往可能达不到预期的效果。因此，在 RF 优化过程中，可以通过相应的参数来调整广播场景化波束，从而灵活地调整覆盖范围，减少越区覆盖、乒乓切换以及邻区干扰等问题。波束场景的优化一般需要遵循如下原则。

（1）通过窄波束减少非必要的波束，减少重叠覆盖区，避免乒乓切换及影响后续加载的性能。

（2）若是面对笔直的路面覆盖，则场景化波束建议配置为水平面窄的波束，如场景 7 波束。

（3）若是覆盖十字路口，则场景化波束建议配置为水平面宽的波束，如场景 1 波束。

12.4.2　基于 Massive MIMO 的下倾角调整

由于 Massive MIMO 引入了垂直面的多层波束，因此 5G 的下倾角包含了传统的机械下倾角和波束下倾角。波束下倾角包含以下两种波束。

（1）针对 SSB 的波束，其垂直面波束和第 11 章提到的波束场景相关，不同场景下 SSB 的垂直面波束数量不一样，其下倾角可以单独调整，默认配置为 6°。

（2）针对其他的下行信道，其波束分布和 CSI-RS 的波束数量一样，总共有 4 层垂直面的波束，每层波束的天然下倾角都不相同，从上到下分别为-3°、4°、11° 和 18°，如图 12-6 所示。

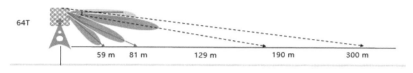

图 12-6　CSI-RS 4 层垂直面的波束

因此，5G 中每个波束的整体下倾角包括机械下倾角和波束下倾角两部分。其中，SSB 波束的下倾角可以通过参数进行调整，其他下行信道波束的下倾角只能通过调整机械下倾角进行调整。由于其他下行信道一共有 4 层垂直面的波束，所以在进行下倾角优化的时候首先需要确认使用哪一层波束作为边缘覆盖的波束，在优化下倾角的时候需要考虑该层波束实际的倾角是多少。选取下倾角的参考波束时，可以参考如下原则。

（1）如果是密集城区场景，且覆盖目标为室内（覆盖受限场景），则建议将第二层的 CSI-RS 波束指向小区边缘，在考虑下倾角的时候需要考虑默认的 4° 波束下倾。

（2）如果是密集城区场景，且覆盖目标为室外（干扰受限场景），则建议将第一层的 CSI-RS 波束指向小区边缘，在考虑下倾角的时候需要考虑默认的-3° 波束下倾。

（3）如果是郊区及农村等广覆盖场景，同原则（1）。

本章小结

本章首先介绍了 5G 空中接口常见的问题，RF 优化在整个网络优化过程中的位置；其次，通过 RF 优化介绍了各种问题的处理思路，包括覆盖问题、干扰问题、速率问题；再次，重点介绍了 RF 优化的详细流程以及 RF 优化整体原则；最后，讲解了 5G 中引入 Massive MIMO 天线后比较特殊的场景化波束优化的方法。

通过本章的学习，读者应该对 5G 常见的网络优化问题解决方法有一定的了解，能够对 RF 优化的流程有比较深刻的理解，并掌握使用不同的 RF 优化方法解决网络中基本的射频问题。

课后练习

1.　选择题

（1）（多选题）如果想减小某个小区的覆盖，则以下措施可行的是（　　　）。

　　A. 增加下倾角　　　B. 减小下倾角　　　C. 增加发生功率　　　D. 降低发射功率

（2）簇的数量应根据实际情况确定，一般（　　）个基站为一簇。

　　A. 20 ~ 30　　　　　B. 5 ~ 10　　　　　C. 40 ~ 50　　　　　D. 30 ~ 40

2. 简答题

（1）在 RF 优化过程中，测试路线规划应考虑哪些因素？

（2）在 5G 网络优化阶段，常见的网络问题有哪些？

（3）造成重叠覆盖度高的常见原因有哪些？

（4）在 RF 优化过程中，一般需要遵循哪些整体原则？

（5）简述重叠覆盖和越区覆盖的区别及联系。

（6）在 RF 优化过程中，主要用到的数据源有哪些？

（7）在路测过程中主要关注的下行覆盖指标有哪些？

（8）在 Massive MIMO 场景下，天线可以在垂直面形成 4 层波束，那么在下倾角优化时，应该以哪一层波束作为参考？写出其基本原则。

（9）在 RF 优化过程中，常用的地理化呈现工具有哪些？

Chapter

13

第 13 章
5G 无线网络常用 KPI

为了有效地评估 5G 无线网络，特别是无线接入网侧的性能，5G 定义了一系列的关键性能指标（Key Performance Indicator，KPI）。

本章主要介绍接入类 KPI、移动性 KPI、服务完整性 KPI、NSA DC 接入及移动性 KPI。

课堂学习目标

- 掌握 5G 接入类 KPI
- 掌握 5G 移动性 KPI
- 了解 5G 服务完整性 KPI
- 了解 5G NSA DC 接入及移动性 KPI

13.1　5G 接入类 KPI

接入类 KPI 反映了用户成功接入到网络中并发起业务的概率，主要包括 RRC 建立成功率和 NG 接口信令连接建立成功率。

13.1.1　RRC 建立成功率

RRC 连接建立流程有多个触发原因。UE 发起 RRC 连接建立，选用哪个原因值由上层决定。原因值 Mo-Signaling 的 RRC 连接建立和信令相关，其余原因的 RRC 连接建立和服务相关。

该 KPI 由 gNodeB 在 UE 发起 RRC 连接建立流程时计算得到。如图 13-1 中的 A 点所示，当 gNodeB 接收到 UE 发送的 RRC Setup Request 消息时，统计总的不同原因值的 RRC 连接建立尝试次数，在 C 点统计总的不同建立原因值的 RRC 连接建立成功次数。

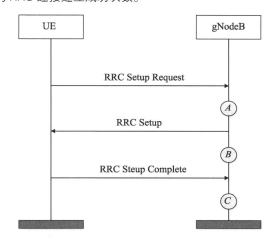

图 13-1　RRC 连接建立测量点

RRC 连接建立成功率的定义如表 13-1 所示。

表 13-1　RRC 连接建立成功率的定义

KPI 名称	RRC Setup Success Rate
测量对象	Cell
计算公式	RRCS_SR=(RRCSetupSuccess/RRCSetupAttempt)×100%
关联的指标	RRCSetupSuccessRate=(N.RRC.SetupReq.Succ/N.RRC.SetupReq.Att)×100%
单位	%

13.1.2　NG 接口信令连接建立成功率

该 KPI 用来评估 NG 接口信令连接的建立成功率，其所涉及的 Counter 包括 UE 相关 NG 接口信令连接建立尝试次数、UE 相关 NG 接口信令连接建立成功次数。

UE 相关的 NG 接口信令连接建立次数，即 gNodeB 向 AMF 发送 Initial UE Message 及收到 AMF 发送的第一条 NG 接口消息的次数。Initial UE Message 是 gNodeB 向 AMF 发送的第一条 NG 接口消息，目的是传送 UE 相关的 NAS 层数据配置信息，AMF 根据该消息中的相关 NAS 信息为 UE 建立 NG 信令连接。

AMF 发送的第一条 NG 接口消息，可能为 Initial Context Setup Request、Downlink NAS Transport 或 UE Context Release Command 消息，收到该消息表明 NG 接口信令连接建立成功。

如图 13-2 中的 A 点所示，当 gNodeB 向 AMF 发送 Initial UE Message 时，NG 接口信令连接建立尝试次数指标加 1。

如图 13-2 中的 B 点所示，当 gNodeB 向 AMF 发送 Initial UE Message 后，收到 AMF 发送给该用户的第一条 NG 接口消息时，NG 接口信令连接建立成功次数指标加 1。

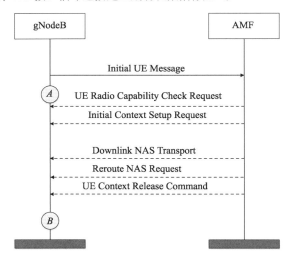

图 13-2　NG 接口信令连接建立测量点

NG 接口信令连接建立成功率的定义如表 13-2 所示。

表 13-2　NG 接口信令连接建立成功率的定义

KPI 名称	NGSIG Connection Setup Success Rate
测量对象	Cell/Radio Network
计算公式	NGSIGS_SR=(NGSIGConnectionEstablishSuccess/NGSIGConnectionEstablishAttempt)× 100%
关联的指标	NGSIGConnectionSetupSuccessRate=(N.NGSig.ConnEst.Succ/N.NGSig.ConnEst.Att)×100%
单位	%

13.2　5G 移动性 KPI

5G 移动类 KPI 用来评估 NR 网络的移动性能，它直接反映了用户体验的好坏。根据切换的类型，可分为同系统同频切换、同系统异频切换、异系统切换。

13.2.1　同频切换出成功率

该 KPI 用来评估 NR 系统内同频切换出成功率，而同频切换出又包括站内切换出和站间切换出两种场景。

如图 13-3 和图 13-4 所示，源小区和目标小区为同一频点。在 B 点，当源 gNodeB 向 UE 发送携带切换命令的 RRC Reconfiguration 消息时，在源小区统计同频切换出执行尝试次数；在 *C* 点，当源 gNodeB 收到来自目标 gNodeB 的 UE Context Release 消息或者来自 AMF 的 UE Context Release Command 消息时，表明 UE 已经在目标小区成功接入，此时在源小区统计同频切换出执行成功次数。

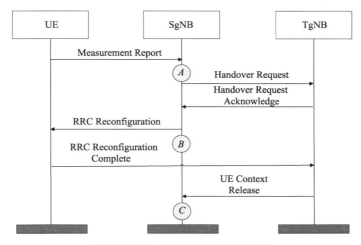

图 13-3　基于 Xn 链路的站间切换出场景

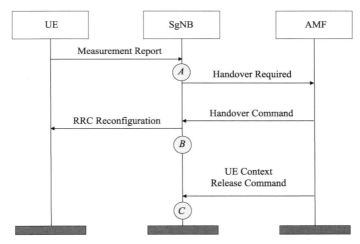

图 13-4　基于 NG 链路的站间切换出场景

同频切换出成功率的定义如表 13-3 所示。

表 13-3　同频切换出成功率的定义

测量对象	Cell/Radio Network
计算公式	IntraFreqHOOut_SR=(IntraFreqHOOutSuccess/IntraFreqHOOutAttempt)×100%
关联的指标	IntraFrequencyHandoverOutSuccessRate=[(N.HO.IntraFreq.NG.IntergNodeB.ExecSuccOut+ N.HO.IntraFreq.Xn.IntergNodeB.ExecSuccOut+N.HO.IntraFreq.IntragNodeB.ExecSuccOut)/ (N.HO.IntraFreq.NG.IntergNodeB.ExecAttOut+N.HO.IntraFreq.IntragNodeB.ExecAttOut+N .HO.IntraFreq.Xn.IntergNodeB.ExecAttOut)]×100%
单位	%

13.2.2 系统内切换入成功率

该 KPI 用来评估系统内切换入成功率，而切换入又包括站内切换入和站间切换入两种场景。

1. 站内切换入场景

如图 13-5 所示，在 B 点，即当 gNodeB 向 UE 发送携带切换命令的 RRC Reconfiguration 消息时，在目标小区统计站内切换入执行尝试次数；在 C 点，当收到 RRC Reconfiguration Complete（即切换完成）消息时，在目标小区统计站内切换入执行成功次数。

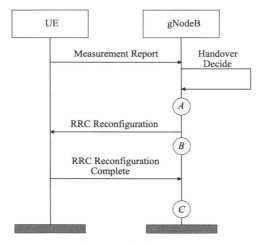

图 13-5 站内切换入场景

2. 站间切换入场景

如图 13-6 和图 13-7 所示，在 B 点，当目标 gNodeB 向源 gNodeB 或 AMF 发送 Handover Request Acknowledge 消息时，在目标侧统计切换入执行尝试次数；在 C 点，当目标侧 gNodeB 收到 UE 回复的切换完成消息，并在 Xn 接口通过 UE Context Release 或者在 Ng 接口通过 Handover Notify 消息通知源侧释放 UE 上下文时，在目标侧统计切换入执行成功次数。

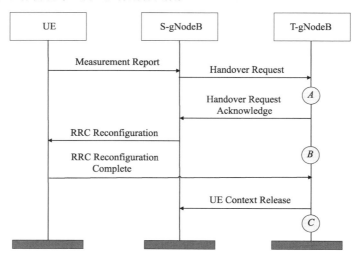

图 13-6 基于 Xn 链路的站间切换入场景

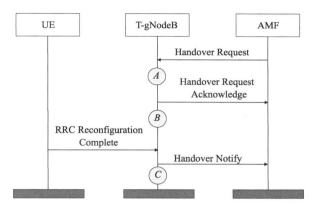

图 13-7 基于 Ng 链路的站间切换入场景

切换入成功率的定义如表 13-4 所示。

表 13-4 切换入成功率的定义

KPI 名称	Intra-RAT Handover In Success Rate
测量对象	Cell/Radio Network
计算公式	Intra-RATHOIn_SR=(Intra-RATHOInSuccess/Intra-RATHOInAttempt)×100%
关联的指标	Intra-RATHandoverInSuccessRate=[(N.HO.Ng.IntergNodeB.ExecSuccIn+N.HO.IntragNodeB.ExecSuccIn+N.HO.Xn.IntergNodeB.ExecSuccIn)/(N.HO.Ng.IntergNodeB.ExecAttIn+N.HO.IntragNodeB.ExecAttIn+N.HO.Xn.IntergNodeB.ExecAttIn)]×100%
单位	%

13.3 5G 服务完整性 KPI

5G 服务完整性 KPI 用来评估 5G RAN 中终端用户的服务质量。

1. 用户下行平均吞吐率

该 KPI 用于评估小区内用户下行平均吞吐率。用户下行平均吞吐率的定义如表 13-5 所示，由小区用户下行扣除尾包后传输的总数据量和用户下行扣除尾包后有数据传输的时长决定。

表 13-5 用户下行平均吞吐率的定义

KPI 名称	User Downlink Average Throughput
测量对象	Cell/Radio Network
计算公式	UserDLAveThp=UserDLRmvLastSlotTrafficVolume/UserDLRmvLastSlotTransferTime
关联的指标	UserDownlinkAverageThroughput=（N.ThpVol.DL−N.ThpVol.DL.LastSlot）/N.ThpTime.DL.RmvLastSlot
单位	Gbit/s
备注	无

2. 用户上行平均吞吐率

该 KPI 用于评估小区内用户上行平均吞吐率。用户上行平均吞吐率的定义如表 13-6 所示，由小区用户上行扣除小包后传输的总数据量和用户上行扣除小包后有数据传输的时长决定。

表 13-6　用户上行平均吞吐率的定义

KPI 名称	User Uplink Average Throughput
测量对象	Cell/Radio Network
计算公式	UserULAveThp=UserULRmvSmallPktTrafficVolume/UserULRmvSmallPktTransferTime
关联的指标	UserUplinkAverageThroughput=（N.ThpVol.UL−N.ThpVol.UE.UL.SmallPkt）/N.ThpTime.UE.UL.RmvSmallPkt
单位	Gbit/s

3．小区下行平均吞吐率

该 KPI 用来评估小区下行平均吞吐率，反映了小区下行容量状况。小区下行平均吞吐率的定义如表 13-7 所示，由小区下行传输的数据量和下行有数据传输的时长决定。

表 13-7　小区下行平均吞吐率的定义

测量对象	Cell/Radio Network
计算公式	CellDLAveThp=CellDLTrafficVolume/CellDLTransferTime
关联的指标	CellDownlinkAverageThroughput= N.ThpVol.DL.Cell/N.ThpTime.DL.Cell
单位	Gbit/s

4．小区上行平均吞吐率

该 KPI 用来评估小区上行平均吞吐率，反映了小区上行容量状况。小区上行平均吞吐率的定义如表 13-8 所示，由小区上行传输的数据量和上行有数据传输的时长决定。

表 13-8　小区上行平均吞吐率的定义

测量对象	Cell/Radio Network
计算公式	CellULAveThp=CellULTrafficVolume/CellULTransferTime
关联的指标	CellUplinkAverageThroughput= N.ThpVol.UL.Cell/N.ThpTime.UL.Cell
单位	Gbit/s

13.4　NSA DC 接入及移动性 KPI

NSA DC 接入及移动性 KPI 用来测量 NSA DC 场景下辅站添加、辅站站内小区变更、辅站站间小区变更的成功率及辅站触发的辅站异常释放率等。

13.4.1　辅站添加成功率

该 KPI 反映了 NSA DC 场景下辅站添加成功率，辅站添加流程参见 3GPP 37.340。在图 13-8 所示的 A 点统计辅站添加尝试次数，B 点统计辅站添加成功次数。

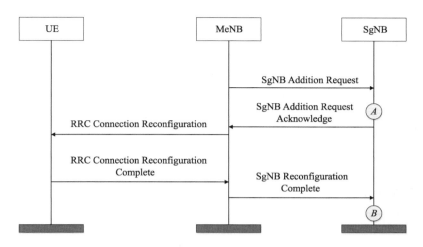

图 13-8　NSA DC 辅站添加测量点

NSA DC 辅站添加成功率的定义如表 13-9 所示。

表 13-9　NSA DC 辅站添加成功率的定义

测量对象	Cell/Radio Network
计算公式	SgNBAdd_SR=(SgNBAdditionSuccess/SgNBAdditionAttempt)×100%
关联的指标	SgNBAdditionSuccessRate=(N.NsaDc.SgNB.Add.Succ/N.NsaDc.SgNB.Add.Att)×100%
单位	%

13.4.2　辅站小区变更成功率

该 KPI 反映了 NSA DC 场景下辅站站间小区变更成功率，辅站站间小区变更流程参见 3GPP 37.340。在图 13-9 所示的 A 点统计辅站站间小区变更尝试次数，B 点统计辅站站间小区变更成功次数。

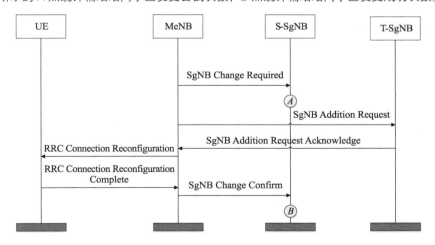

图 13-9　NSA DC 辅站站间小区变更测量点

NSA DC 辅站站间小区变更成功率的定义如表 13-10 所示。

表 13-10　NSA DC 辅站站间小区变更成功率的定义

测量对象	Cell/Radio Network
计算公式	InterSgNBPSCellChange_SR=(InterSgNBPSCellChangeSuccess/InterSgNBPSCellChange Attempt)×100%
关联的指标	Inter-SgNBPSCellChangeSuccessRate=(N.NsaDc.InterSgNB.PSCell.Change.Succ/ N.NsaDc.InterSgNB.PSCell.Change.Att)×100%
单位	%

 本章小结

　　本章首先介绍了 5G 接入类 KPI 的信令统计点，包括 RRC 建立成功率和 NG 接口信令连接建立成功率；其次，介绍了 5G 移动性 KPI，包括切换出成功率和切换入成功率；再次，介绍了 5G 服务完整性 KPI，包括小区平均吞吐率和用户平均吞吐率；最后，介绍了在 NSA 组网下的两个 KPI。

　　通过本章的学习，读者应该对 5G 的 KPI 整体架构有一定的了解，了解 KPI 的计算公式以及相关的统计点。

 课后练习

1. 选择题

（1）在 5G KPI 中，以下指标只用于 NSA 组网的是（　　　）。

　　A. RRC 建立成功率　　　　　　　　　　B. 小区平均吞吐率

　　C. 辅站添加成功率　　　　　　　　　　D. 切换成功率

（2）在 RRC 建立成功率的 KPI 中，统计 RRC 连接建立成功次数的信令是（　　　）。

　　A. RRC Setup Request　　　　　　　　B. RRC Setup

　　C. RRC Setup Complete　　　　　　　　D. Initial UE Message

（3）考核 NSA 组网移动性 KPI 的指标是（　　　）。

　　A. 系统内入切换成功率　　　　　　　　B. RRC 建立成功率

　　C. 辅站添加成功率　　　　　　　　　　D. 辅小区变更成功率

2. 简答题

（1）5G 服务完整性的 KPI 有哪些？

（2）写出 RRC 建立成功率的计算公式。

（3）关于 5G 服务完整性的 KPI 有哪些？

Chapter

14

第 14 章
5G 网络优化问题分析

前面章节中介绍的 RF 优化属于基础网络性能的优化，一般会在网络建设初期开始实施。等到网络运行时，运维人员关心的就不仅仅是网络的 RF 质量，更重要的是网络的各种业务指标及用户体验的相关指标，如果指标不达标，就需要通过相应的手段进行优化。

本章重点介绍网络优化过程中常见的几类问题的解决方法，包括接入问题、切换问题和速率问题，以及各种问题的分析思路和优化方法。

课堂学习目标

- 了解 5G 网络优化的主要内容
- 掌握 5G 网络接入问题的分析思路和优化方法
- 掌握 5G 网络切换问题的分析思路和优化方法
- 掌握 5G 网络速率问题的分析思路和优化方法

14.1 5G 网络优化概述

网络优化是网络运维过程中的一项重要内容。当网络建设完成之后，随着业务的不断发展，用户数的不断增加，网络的性能和用户的体验不可避免地会受到影响。因此，在日常运维过程中，网络优化作为一个重要的手段，用以保证网络质量最优、用户体验最佳。根据优化内容的不同，可以将其分为基础性能优化和专项性能优化两大类。基础性能优化即第 12 章中介绍的 RF 优化，主要关注网络的覆盖、干扰、邻区漏配等最基础的性能问题。当 RF 的指标达到要求之后，还需要保证用户在使用网络时的体验是最优的，因此需要针对不同的问题进行专项优化，这即是本章将要介绍的业务性能的优化。

14.1.1 无线性能问题分类

性能优化的目标是保证用户良好的体验，那么用户的业务体验与网络的哪些性能有关呢？在一个网络中，其性能指标是非常多的，用户没有精力去关注所有的指标。根据 5G 数据业务的特点，为了保证用户的体验，需要优先保证以下 3 类性能。

（1）接通性能：指终端接入网络的能力，这是无线通信系统中最重要的指标，如果用户连信令面的接入都无法成功，那么终端将无法进行任何业务。

（2）移动性能：在移动网络中，业务的连续性是需要重点关注的目标。良好的移动性是保障用户业务体验的重要因素之一。

（3）速率性能：当前 5G 网络主要针对的是个人用户的 eMBB 业务，针对 eMBB 业务，网络的吞吐率和用户速率是影响业务体验的最关键因素。

本章将对以上问题分别进行介绍，即 5G 网络接入问题优化、5G 网络切换问题优化和 5G 网络速率问题优化。

14.1.2 网络优化数据源

在业务优化过程中，一般需要采集如下数据。

（1）业务性能指标：反映特定时间内网络设备的性能指标，一般针对大面积的网络性能问题会优先采集该类数据进行分析。

（2）设备配置参数：在实际网络中，很多性能问题是由于网络设备配置参数不合理而导致的。因此，在优化过程中需要收集设备的参数进行核查，排除因参数问题导致的性能下降。

（3）用户数据跟踪：这一类数据主要针对的是用户投诉类的问题处理。前面提到的性能指标反映的是小区级的问题，如果只是个别用户的体验不好，则在小区指标中是体现不出来的。因此，针对特定用户的问题，常用的方法就是采集该用户的相关日志进行分析。当然，用户数据的采集需要部署相应的工具和平台。

14.1.3 网络优化目标

网络优化的目标就是通过对以上数据的分析，找到影响网络质量的根因，通过参数调整、RF 调整等手段，实现以下目标。

（1）网络性能最优。

（2）使现有网络资源获得最佳效率。

（3）对网络今后的维护及规划建设提出合理建议。

14.2　**5G** 网络接入问题分析

5G 网络的接入失败或者接入时延过大都会直接影响用户对网络的体验，此时接入问题的优化显得尤为重要。

14.2.1　5G 接入流程

5G 组网方式包括 NSA 组网和 SA 组网两种场景，不同场景下 5G 侧的接入流程是不同的。目前，5G 网络主要采用的是非独立组网，因此本节主要介绍非独立组网场景下的接入问题分析。现网中，非独立组网主要采用以下两种组网架构，如图 14-1 所示。

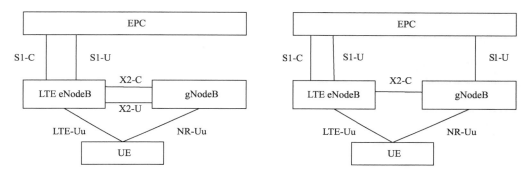

图 14-1　NSA 组网架构

如图 14-1 所示，在 NSA 组网场景下，UE 和网络的信令面还是在传统的 4G 侧，而 5G 侧只是提供了一个用户面的连接。在以上两种组网架构中，现网运营商主要采用了 Option3X 的架构。NSA 组网场景下的用户接入流程如下。

（1）UE 在 4G 网络中完成注册和接入，这一部分性能和 5G 网络没有任何关系，需要通过 4G 侧的优化进行保障，这里不再详细介绍。

（2）eNodeB 通过和 gNodeB 的相应交互，给 UE 下发 5G 侧的配置，UE 在 5G 基站完成接入。这个流程就是前面章节中提到的 5G gNodeB 添加流程。本章主要针对 gNodeB 添加失败的接入问题进行分析。

14.2.2　NSA 接入问题分析

针对 NSA 的接入问题，一般会按照一定的顺序进行排查，其思路如表 14-1 所示。

表 14-1　接入问题分析排查思路

分析动作	目的
设备故障、告警排查	如果基站设备存在着内部的告警，则一般情况下所有的业务性能都可能会受到影响，因此需要先排查该告警的影响，消除告警
参数核查	核查基站配置参数，确认配置无误，包括基础配置和规划类参数
开户数据排查	排查核心网开户数据是否准确
用户信令分析	根据故障信令进行分析

其中，设备告警类和配置类的参数应该优先排除，尤其是针对小区级的问题，其往往是由设备本身的故障或者错误参数配置导致的。一般此类问题比较容易发现，也容易复现，实际处理的时候参考相应的告警手册和配置手册就能解决，和网络优化关系不大。下面将重点介绍用户级的接入问题分析过程，此类问题通过设备告警和网络指标是很难定位的，其主要基于失败信令进行分析。因此，针对此类问题，需要在网络侧部署相应的平台，采集所有用户的信令，并根据失败的信令分析定位问题的根因。

NSA 组网终端接入过程中的失败点如图 14-2 所示。

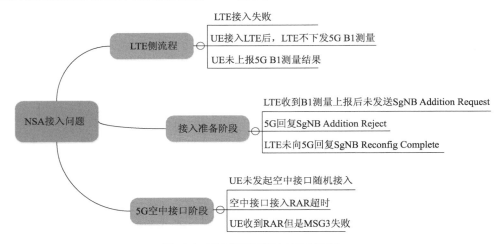

图 14-2　NSA 组网终端接入过程中失败点

由于是 NSA 组网，所以用户的接入问题包含了 4G 和 5G 两侧的流程，问题点可以归纳为 LTE 侧流程阶段问题、接入准备阶段问题和 5G 空中接口阶段问题 3 个部分。

1. 第一阶段

第一阶段是 LTE 侧流程，主要包含以下 3 个问题点。

（1）UE 在 LTE 接入失败：其本质就是 4G 的接入问题，这些内容在 4G 的网络优化课程中有详细的介绍，这里不再赘述。

（2）UE 接入 LTE 后，LTE 不下发 5G B1 测量：正常情况下，当 UE 接入 LTE 网络后，eNodeB 会立即下发 5G 的测量配置消息，让 UE 测量 5G 小区并进行上报。如果基站不下发相应的测量配置，则可能的原因有如下几个，需要逐一进行排查。

① eNodeB 侧数据配置错误：包括 NSA 功能开关、5G 小区的频点、邻区关系等配置，如果有任何一个参数错配或者漏配，eNodeB 都不会下发 5G 的测量配置，这一部分内容在前面的参数核查环节中就应该检查出来。

② 终端不支持 5G NSA 的能力：这属于终端芯片的能力问题。UE 在 LTE 侧接入时会上报"UE Capability Info"消息，通过此消息，基站可以判断出该 UE 是否支持 5G NSA 的能力，具体判断的依据是在该消息终端携带"EN-DC"的指示，并且携带支持的 NR 频段信息。如果 UE 没有这个指示，或者 UE 支持的 NR 频点和 eNodeB 侧配置的不符，则 eNodeB 不会下发 5G 的响应测量配置参数。正常 NSA 终端上报的字段如图 14-3 所示。

图 14-3　正常 NSA 终端上报的字段

③ 核心网禁止用户接入 5G 网络：如果核心网没有打开 NSA 支持的开关或者用户的签约数据错误，那么在核心网给基站下发的"Initial UE Context Setup"消息中就会携带核心网禁止接入 NR 的指示，如图 14-4 所示。eNodeB 收到该指示后，也不会下发 5G 的测量配置信息。如果发现该问题，则应该联系核心网工程师进行相应的配置排查。

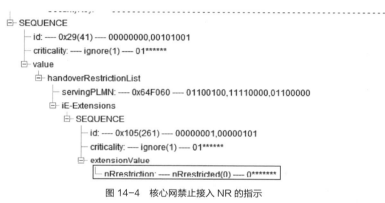

图 14-4　核心网禁止接入 NR 的指示

（3）eNodeB 下发了 5G 测量配置，但 UE 未上报 5G B1 测量结果。针对此类问题，需要从以下几个方面排查原因。

① 检查 5G 小区状态是否正常，AAU 通道功率是否正常。

② 检查 5G 小区的频点和 eNodeB 侧配置的频点是否一致。

③ 检查测量配置中 B1 事件的配置是否合理。注意，消息中实际下发的值要减去 157 才是实际的门限值。如图 14-5 所示，当前消息中上报的电平门限值是 52，那么实际对应的上报电平门限值应该是 −105dBm。如果门限值设置得过高，则可以尝试降低该参数，使终端更容易上报。

```
▼ eventB1-NR-r15
  ▼ b1-ThresholdNR-r15

      nr-RSRP-r15:0x34 (52)
      reportOnLeave-r15:FALSE
```

图 14-5　B1 测量配置门限

2. 第二阶段

第二阶段是接入准备阶段，其主要过程是由 eNodeB 发起相应的资源请求，通知 gNodeB 给用户准备资源。在此阶段可能的问题点如下。

（1）UE 上报了 B1 测量报告，但 eNodeB 没有发起"SgNB Addition Request"消息。针对此问题，可以从以下几个方面进行排查。

① 检查 UE 上报的 5G 小区是否在 eNodeB 侧漏配或者错配了邻区，如有此情况，则更新邻区关系配置即可。

② 检查 eNodeB 和 gNodeB 的 X2 链路是否正常，如果链路未建立，则排查配置和传输侧的问题。

（2）eNodeB 发送"SgNB Addition Request"消息，gNodeB 回复"SgNB Addition Reject"消息。

针对此问题，优先从以下几个方面进行排查。

① 检查 gNodeB NSA 功能的基本配置是否正常。

② 检查 gNodeB 小区状态是否正常，是否存在告警，如有，则先处理小区告警问题。

③ 检查 UE 携带的 MRDC 的频段组合能力是否和实际网络配置的一致。

④ 检查 "SgNB Addition Reject" 消息中携带的原因值，根据原因值去定位可能的问题。常见的原因值有 "Transport Resource Not Available" 和 "No Radio Resource Available" 两类。第一类原因需要重点排查 gNodeB 到核心网的用户面传输是否畅通，第二类原因需要重点排查 gNodeB 的无线资源是否充足，包括硬件资源和 License 资源等。

3. 第三阶段

第三阶段就是 5G 空中接口阶段，即 eNodeB 下发 5G 配置，UE 在 5G 侧完成随机接入的过程。在此阶段中，可能出现的问题点如下。

（1）UE 没有发出随机接入前导，一般该类问题出现的概率比较小，可能的原因是基站下发的 5G 侧参数和终端的设置不兼容。在实际测试过程中，目前已发现有以下 3 个问题点。

① gNodeB 侧的 PDCP SN 长度和 eNodeB 侧 SN 长度配置不一致。

② SRS 信道参数配置异常。

③ 终端芯片有问题。

（2）UE 发出随机接入前导，但 gNodeB 接收不到，可能的原因有如下几点。

① PRACH 参数规划有问题，导致 gNodeB 前导接收失败，需要核查规划参数是否正确。

② gNodeB 上行 RF 有问题，包括弱覆盖、上行干扰等问题，需要进行 RF 问题的相关排查。

③ TAoffset 参数配置错误，根据实际情况进行参数核查。

④ PRACH 上行功率控制参数不合理，导致发送功率过低。

（3）UE 随机接入失败：T304 定时器超时，UE 未完成随机接入过程。该问题产生的主要原因是 gNodeB 侧存在 RF 问题，需要进行 RF 问题的排查。

如果 UE 在 5G 侧接入失败，通常情况下，UE 会给 eNodeB 上报 "SCG Failure Info-NR" 消息，如图 14-6 所示。在 "SCG Failure Info-NR" 消息中，UE 会携带相关的原因值，通过该原因值，能快速定位失败原因。

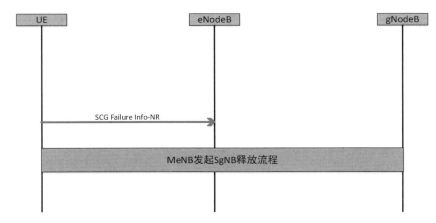

图 14-6　UE 在 5G 侧接入失败

综上所述，可以看出针对 NSA 网络的接入问题，主要使用的数据源是用户信令日志，通过异常信令中的关键信源进行深入分析，就可以找到问题的根因。因此，在进行 5G 网络接入问题处理时，需要在网络中部署相应的信令采集功能，记录所有用户的信令日志。

14.2.3　NSA 接入案例分析

案例描述：当前组网是 NSA 网络，某次路测过程中出现一次 SgNB 添加失败的异常事件。

分析过程：通过查看异常事件的相关信令和事件，发现是在 LTE 切换后出现的 SgNB 添加失败，具体过程如图 14-7 所示。

```
16:34:46.458    MS1    LTEHandoverAttempt          TargetPCI:435;TargetEARFCN:1400;t304
16:34:46.458    MS1    LTEIntraFreqHOAttempt       TargetPCI:435;TargetEARFCN:1400;t304
16:34:46.458    MS1    LTEIntra-eNodeBHOAttempt    TargetPCI:435;TargetEARFCN:1400;t304
16:34:46.469    MS1    LTEHandoverSuc
16:34:46.469    MS1    LTEIntraFreqHOSuc
16:34:46.469    MS1    LTEIntra-eNodeBHOSuc
16:34:46.515    MS1    LTEEventB1MeasConfig
16:34:46.641    MS1    LTEEventB1                  eutra-RSRP:-140;NR-PCI:435,436,152;N..
16:34:47.734    MS1    NRSCellAddAttempt           PCI:152;NR-ARFCN:636654
16:34:47.734    MS1    NREventA3MeasConfig
16:34:47.734    MS1    NREventA2MeasConfig
16:34:47.737    MS1    NRSCellAddSuccess
16:34:47.793    MS1    NRSCGFailureInformation     FailureType:scg-reconfigfailure
16:34:47.823    MS1    NRSCellAbnormalRelease
16:34:47.823    MS1    NRERABAbnormalRel           SCellAbnormalRelease

16:34:47.735    181790376    MS1    rlc om ent reest cmp
16:34:47.735    181790404    MS1    rlc om ent cfg cmp
16:34:47.736    181791191    MS1    nr scg config begin
16:34:47.741    181795741    MS1    rb setup end
16:34:47.752    1479173931   MS1    nr cell search fail
16:34:47.752    1479173993   MS1    nr scg add fail
```

图 14-7　SgNB 添加失败

通过信令及事件的分析，可以发现本次出现异常事件的主要问题是 NR 小区搜索失败，表示在接入过程中 NR 小区信号质量太差，导致 UE 小区搜索失败。从事件中可以看出，本次 UE 接入的 NR 小区的 PCI 为 152。为了确认当前小区的信号质量情况，继续检查 UE 上报的 B1 测量报告的结果，在 B1 测量报告中，可以发现 UE 上报了多个 5G 小区，而 PCI 为 152 的小区并非是信号质量最好的，其强度只排在第三位，具体 MR 内容如图 14-8 所示。虽然该小区的信号质量尚可，但由于还有两个信号质量更好的小区，因此可能因为小区的 SINR 较低而导致 UE 搜索失败。

```
16:34:46.641    MS1    LTEEventB1            eutra-RSRP:-140;NR-PCI:435,436,152;NR-RSRP:-58,-58,-64,-64,-71,-71
16:34:47.734    MS1    NRSCellAddAttempt     PCI:152;NR-ARFCN:636654
16:34:47.734    MS1    NREventA3MeasConfig
16:34:47.734    MS1    NREventA2MeasConfig
16:34:47.737    MS1    NRSCellAddSuccess
```

图 14-8　具体 MR 内容

根因分析：在 5G 添加过程中 eNodeB 没有选择信号质量最好的 NR 小区，其原因可能是前两个信号质量最好的小区和 4G 小区没有配置邻区关系，从而导致无法选择信号质量最好的小区。

解决方案：添加 4G 小区到 PCI=435 及 PCI=436 的邻区关系，最终问题得以解决。

14.3　5G 网络切换问题分析

无线通信的最大特点在于其具有移动性，对于终端在不同小区间的移动，网络侧需要实时监测 UE 并在适当时刻通知 UE 执行切换，以保持其业务连续性。在切换的过程中，终端与网络侧相互配合完成切换信令交互，尽快恢复业务。在 5G 系统中，此切换过程是硬切换，业务在切换过程中是中断的，为了不影响用户业务，切换过程需要保证切换成功率、切换中断时延、切换吞吐率 3 个重要指标。其中，最重要的是切换成功率，如果切换出现失败，则将严重影响用户体验，切换中断时延和切换吞吐率也会不同程度地影响用户体验。

14.3.1　5G 切换流程

由于 SA 组网和 NSA 组网存在差异，因此对于 5G 切换的定义也存在差异。针对 SA 组网，5G 的切换就是在两个 5G 小区之间的移动性管理，相对比较简单。在 NSA 组网场景下，由于 5G 小区覆盖可能比 4G 要差，因此当 UE 在不同小区之间移动的时候，可能会触发以下两个流程。

（1）UE 在移动过程中 4G 小区发生切换。其流程就是 4G 的切换流程，在 4G 的切换命令中，会直接携带目标 4G 和 5G 的小区，也就是说，在 4G 的切换流程中，5G 的切换流程也完成了，并没有专门的流程。因此，如果 4G 的切换流程出现问题，5G 的连接性也会出现问题。所以，在优化 5G 的切换问题之前，首先要保证 4G 的切换性能正常。

（2）UE 在移动过程中发生 5G 小区变更流程。小区变更是 NSA 组网场景下 5G 特有的一种切换流程，小区变更是指 UE 所在的 4G 小区没有发生变化，只是 5G 从一个小区切换到了另一个小区。小区变更就是 NSA 组网场景下的 5G 小区切换。

一般情况下，由于 5G 的小区覆盖比 4G 弱，所以当 UE 在小区之间移动的时候，一般会先触发 5G 小区变更流程，再触发 4G 小区切换流程，如图 14-9 所示。

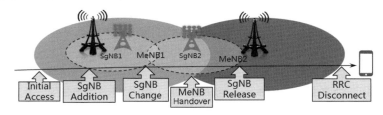

图 14-9　NSA 组网移动性过程

针对 LTE 的切换问题，可以参考 LTE 的优化内容，本节重点介绍 NSA 组网下的小区变更流程问题分析。前面已经介绍过标准的 NR 小区变更流程。NR 小区变更流程根据信令的差异分为基站内小区变更和基站间小区变更两种，其主要的差异是 eNodeB 和 gNodeB 之间的消息名称不同，除此之外，其他的关键过程基本一致。

首先，回顾基站内小区变更流程，如图 14-10 所示。

（1）UE 把测量报告发送给源 eNodeB，在 Uu 接口体现为 Measure Report 信令。源 eNodeB 收到测量报告后，进行相关条件判断，如果决定切换，则网络侧将准备相关切换资源（此过程对 UE 侧不可见）。

（2）eNodeB 将测量报告发送给 gNodeB，在 X2 接口体现为 RRC Transfer 信令源。gNodeB 收到测量报告后，进行相关条件判断，如果决定切换，则网络侧将准备相关切换资源（此过程对 UE 侧不可见）。

（3）gNodeB 将切换相关资源发送给 eNodeB，X2 接口体现为 SgNB Modification Required 信令。

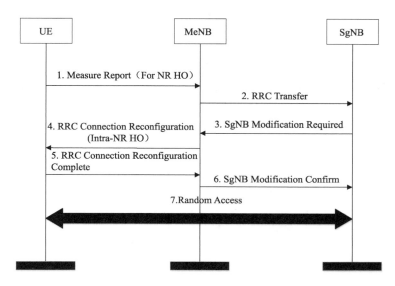

图 14-10　基站内小区变更流程

（4）源 eNodeB 下发切换命令，在 Uu 接口体现为 RRC Connection Reconfiguration 信令，其中，包括 NR RRC 配置消息（NR 切换命令）。

（5）UE 接收到 RRC 重配置消息后完成重配置，并向 MeNB 反馈 RRC Connection Reconfiguration Complete 消息，包括 NR RRC 响应消息。若 UE 未能完成包含在 RRC Connection Reconfiguration 消息中的配置，则启动重配置失败流程。

（6）UE 成功完成重配置后，MeNB 向 SgNB 发送 SgNB Modification Confirm 消息。

（7）UE 收到切换命令后，中断与源 gNodeB（小区）的交互，并尝试接入目标 gNodeB（小区），完成随机接入。

NR 基站间的小区变更流程和上述流程大致相同。

14.3.2　5G 小区变更参数

从图 14-10 中可以看出，小区变更流程需要通过终端上报的测量报告触发，而测量报告则是切换流程中最重要的一条消息。根据 3GPP 规范，在移动性管理流程中，终端会根据相应的事件触发测量报告的上报，通常称之为事件报告。UE 通过事件的定义触发测量报告的上报，基站在收到报告后会触发相应的流程，其中包含小区变更流程。5G 系统中定义的报告事件和 4G 网络类似，5G 测量上报事件如表 14-2 所示。

表 14-2　5G 测量上报事件

事件类型	触发条件
A1	服务小区测量结果大于门限值
A2	服务小区测量结果小于门限值
A3	邻区测量结果高于服务小区特定偏置
A4	异频邻区测量结果大于门限值
A5	服务小区测量结果小于门限值且异频邻区测量结果大于门限值

上述 5 种事件中，可以用于 NSA 5G 小区变更的事件是 A3、A4 和 A5。其中，A3 事件用于同频小区的变更，A4 和 A5 事件用于异频小区的变更。由于当前的 5G 网络中主要的场景是同频变更，所以下面重

点介绍 A3 事件的相关参数。A3 事件包括触发事件和退出事件，相关公式如下。

A3 触发事件：Mn+Ofn+Ocn−Hys>Ms+Ofs+Ocs+Off

A3 退出事件：Mn+Ofn+Ocn+Hys<Ms+Ofs+Ocs+Off

在上面的公式中，Mn 和 Ms 分别表示邻区和服务小区的测量结果，其他参数都是 A3 事件的相关参数，基站会通过测量配置消息下发。另外，在触发和退出事件的公式中，还包含了 Time To Trigger 参数，这个参数表示触发和退出事件要在这个时间内一直满足，UE 才会认为事件生效。A3 事件的触发点如图 14−11 所示。

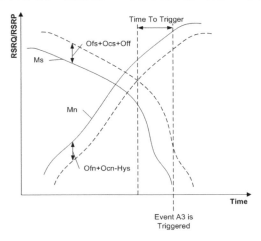

图 14−11　A3 事件的触发点

在实际的优化过程中，可以通过在基站侧调整以上参数调整切换或者小区变更的难易程度，具体应该优先调整哪个参数需要根据实际的场景去判断。

14.3.3　5G 小区变更指标

和接入问题类似，在分析 5G 小区变更类问题时，可以先通过查看小区级的 KPI 指标来判断问题属于小区级还是特定用户级。针对 5G 小区变更，定义的指标是小区变更成功率。小区变更成功率指标和相关统计指标如表 14−3 和表 14−4 所示。

表 14-3　小区变更成功率指标

名称	计算公式
PSCell 站间变更成功率	N.NsaDc.Inter SgNB.PSCell.Change.Succ/N.NsaDc.Inter SgNB.PSCell.Change.Att × 100%
PSCell 站内变更成功率	N.NsaDc.Intra SgNB.PSCell.Change.Succ/N.NsaDc.Intra SgNB.PSCell.Change.Att × 100%

表 14-4　小区变更相关统计指标

性能指标	含义
N.NsaDc.Inter SgNB.PSCell.Change.Att	LTE−NR NSA DC 场景下 SgNB 站间 PSCell 变更尝试的次数
N.NsaDc.Inter SgNB.PSCell.Change.Succ	LTE−NR NSA DC 场景下 SgNB 站间 PSCell 变更成功的次数
N.NsaDc.Intra SgNB.PSCell.Change.Att	LTE−NR NSA DC 场景下 SgNB 站内 PSCell 变更尝试的次数
N.NsaDc.Intra SgNB.PSCell.Change.Succ	LTE−NR NSA DC 场景下 SgNB 站内 PSCell 变更成功的次数

以上几个指标在信令流程中的统计点如图 14-12 和图 14-13 所示，点 *A* 对应变更尝试次数，点 *B* 对应变更成功次数。

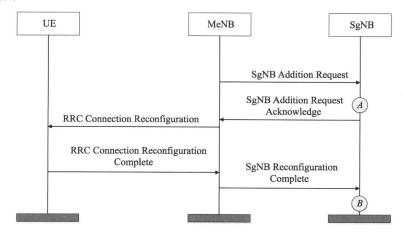

图 14-12　站内小区变更指标统计点

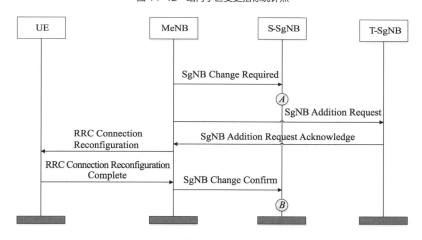

图 14-13　站间小区变更指标统计点

> **注意**
>
> 在定义指标的时候，可以同时统计源小区到所有邻区的统计指标以及源小区到特定小区的统计指标。通过这两类指标，可以判断是到所有邻区都有问题还是到特定邻区有问题，这对于优化时优先调整的参数有很大的影响。

14.3.4　5G 小区变更问题分析

在分析 5G 移动性相关问题时，一般会有以下两类场景。场景 1 出现在网络商用之前，现网中用户很少，相应的统计指标也很少，因此 KPI 的意义不大，此时可以采集路测数据，通过信令分析判断是否有 5G 小区变更失败的相关问题，并基于信令的维度进行问题处理。场景 2 出现在网络商用后，现网中已经有了比较多的用户，此时一般基于 KPI 的统计去识别问题，并进行相应的调整。

下面先介绍基于路测信令的问题处理过程。在移动性管理流程中，需要关注以下几条重要的信令，如果信令有异常，则需要根据异常信令进行分析。

（1）NR 测量配置消息：一般在 UE 接入并添加 NR 辅小区后，或者 NR 辅小区切换后会下发测量控制。NR 的测量控制信源结构与 LTE 类似，分为测量对象、上报配置及测量 ID 配置。NR 测量控制通过 LTE 空中接口的重配置消息带给 UE，基本机制与 LTE 相同。通过该消息可以获取到当前服务小区的 A3 事件参数的相关配置，如图 14-14 所示。

```
▼ eventA3
  ▼ a3-Offset
     rsrp:0x2 (2)
    reportOnLeave:FALSE
    hysteresis:0x2 (2)

    timeToTrigger:ms320 (8)
    useWhiteCellList:FALSE
  rsType:ssb (0)
  reportInterval:ms240 (1)
  reportAmount:infinity (7)
```

图 14-14　A3 参数的相关配置

异常问题处理：如果出现该消息的缺失，则一般是功能参数配置错误导致的，可以重点核查相应参数，此类问题很少出现。

（2）测量报告消息：UE 上报给基站的 A3 测量报告中会包含 5G 目标小区和 5G 服务小区的测量结果，如图 14-15 所示。通过此消息可以判断出 5G 小区变更可能的目标小区。

异常问题处理：如果在移动过程中 UE 一直不上报测量报告，则需要重点检查 A3 事件的相关参数，判断是否由于参数配置问题而导致测量报告上报困难，如果存在该问题，则修改相应的参数即可。

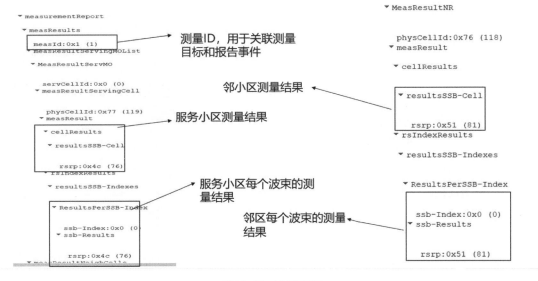

图 14-15　A3 测量报告

（3）切换命令：当基站侧判决满足切换条件后会下发切换命令，通过 LTE 空中接口发送给 UE，信令仍沿用 LTE 中的 RRC 重配置消息。

异常问题处理：如果在路测信令中没有看到该消息，则应该重点检查邻区配置是否正常。

（4）切换完成命令：当 UE 在 5G 完成随机接入后，会通过 RRC 重配置完成消息通知基站。

异常问题：现网中绝大部分的切换问题的场景是终端能够收到切换命令，但没有发出切换完成消息。如果出现该问题，则需要查看目标小区的 RF 性能质量，先确认是否由于目标小区的 RF 性能达不到要求而导致出现了问题。如果确认 RF 性能没有问题，则进一步分析本次切换失败的场景。切换失败的场景一般可以分为以下两类。

① 切换过早：切换过早是指 UE 上报的测量报告过早，此时目标小区的信号质量还不能满足要求，UE 切换时在目标小区切入失败。

② 切换过晚：切换过晚是指 UE 上报测量报告太晚，此时服务小区已经变差，UE 在源小区发生链路故障而导致切换流程失败。

那么通过信令场景如何区分是切换过早还是切换过晚呢？当 5G 小区变更失败后,5G 的链路就中断了，在链路中断后，eNodeB 会马上发起 5G 的小区添加流程，可以通过查看当前添加小区的信息来判断。如果此时添加的小区是源 5G 小区，则表示当前仍然是源小区的信号质量最好，可以认为是切换过早；反之，如果此时添加的小区是非源小区，则可以认为是切换过晚。判断出切换过早或切换过晚后，就可以通过调整 A3 事件的 Ocn 参数来调整切换的时机，具体的调整方法如下。

① 如果是切换过早，则需要降低目标小区的 Ocn，使 A3 事件上报得晚一点。

② 如果是切换过晚，则需要提升目标小区的 Ocn，使 A3 事件上报得早一点。

在网络商用后，可以直接通过网络指标判断是否存在切换类问题。同时，分析指标的时候可以同时查看源小区到所有邻区的切换指标以及每个邻区对的指标，用来判断是单邻区的问题还是所有邻区的问题。通过相关的网络指标只能确认是否存在问题，无法判断是切换过早还是切换过晚。因此，在确认存在切换类问题后，还需要通过现场测试采集信令，查看是否能够复现问题，再根据信令进行分析，分析方法和上面介绍的方法一样。

14.3.5　案例分析

案例描述：在路测过程中出现了一次 NR 的切换失败，相关信令和事件如图 14-16 所示。

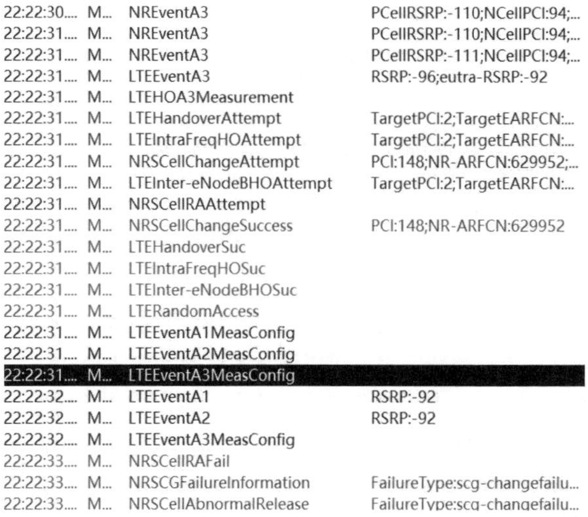

22:22:30....	M...	NREventA3	PCellRSRP:-110;NCellPCI:94;...
22:22:31....	M...	NREventA3	PCellRSRP:-110;NCellPCI:94;...
22:22:31....	M...	NREventA3	PCellRSRP:-111;NCellPCI:94;...
22:22:31....	M...	LTEEventA3	RSRP:-96;eutra-RSRP:-92
22:22:31....	M...	LTEHOA3Measurement	
22:22:31....	M...	LTEHandoverAttempt	TargetPCI:2;TargetEARFCN:...
22:22:31....	M...	LTEIntraFreqHOAttempt	TargetPCI:2;TargetEARFCN:...
22:22:31....	M...	NRSCellChangeAttempt	PCI:148;NR-ARFCN:629952;...
22:22:31....	M...	LTEInter-eNodeBHOAttempt	TargetPCI:2;TargetEARFCN:...
22:22:31....	M...	NRSCellRAAttempt	
22:22:31....	M...	NRSCellChangeSuccess	PCI:148;NR-ARFCN:629952
22:22:31....	M...	LTEHandoverSuc	
22:22:31....	M...	LTEIntraFreqHOSuc	
22:22:31....	M...	LTEInter-eNodeBHOSuc	
22:22:31....	M...	LTERandomAccess	
22:22:31....	M...	LTEEventA1MeasConfig	
22:22:31....	M...	LTEEventA2MeasConfig	
22:22:31....	M...	LTEEventA3MeasConfig	
22:22:32....	M...	LTEEventA1	RSRP:-92
22:22:32....	M...	LTEEventA2	RSRP:-92
22:22:32....	M...	LTEEventA3MeasConfig	
22:22:33....	M...	NRSCellRAFail	
22:22:33....	M...	NRSCGFailureInformation	FailureType:scg-changefailu...
22:22:33....	M...	NRSCellAbnormalRelease	FailureType:scg-changefailu...

图 14-16　NR 切换失败相关信令和事件

分析过程：首先，通过事件列表可以看到本次失败的过程，即 UE 上报了 NR 侧的 A3 测量报告，但是一直没有触发 NR 的小区变更。其次，UE 上报了 LTE 的 A3 事件，触发了 LTE 侧的切换，在 LTE 切换后，5G 侧需要重新随机接入，在此过程中发生了失败。从信令过程来看，这属于 NR 侧的接入失败，但问题的本质是 NR 侧一直没有触发小区变更流程，最终导致当前 NR 小区信号质量太差，引起接入失败。

解决方案：查看 NR A3 事件中上报的小区，查看当前 NR 小区的邻区配置，发现邻区漏配，补充邻区配置后问题得以解决。

14.4　5G 网络速率问题分析

前面介绍了接入性和移动性两类问题的处理流程，下面将介绍 5G 低速率问题的处理思路。低速率问题不同于以上两类问题，接入和切换本质上都属于信令面的问题，而业务速率低属于用户面的问题。因此，传统的指标监控、信令跟踪等数据在分析速率问题时作用很有限。在分析低速率问题时，需要使用前台测试结合数据包抓包等多种手段综合进行分析。

低速率问题的判断方法：一般情况下，可以通过 FTP 下载或者服务器 TCP 灌包测试，即通过终端的测试软件测试峰值速率。如果测试的速率与理论峰值速率差距过大，则认为当前的网络存在低速率的问题，需要进行优化处理。

14.4.1　5G 端到端数据传输架构及整体处理思路

用户在使用业务时，中间会经历多个设备的处理，包括基站设备、传输设备、核心网设备，最终到达应用服务器，如图 14-17 所示。

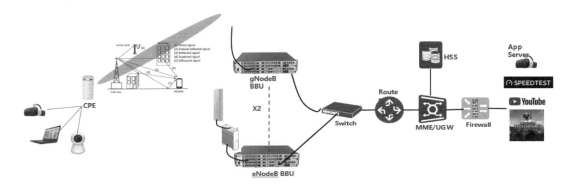

图 14-17　5G 端到端数据传输架构

由于数据传输路径的复杂性，每个网元的问题都可能会导致低速率，所以问题的隔离是处理端到端数据传输问题的最重要的一步，也就是说，如果存在低速率的问题，就需要确认该问题是终端问题、无线网络问题、传输网络问题还是核心网问题。首先，需要分析每个节点导致低速率问题的原因。

（1）终端侧：终端侧造成低速率问题的主要原因包括终端能力版本低、TCP 参数设置出错及终端本身的硬件有问题。隔离终端问题的方法比较简单，可以通过多终端的对比测试隔离终端问题。

（2）无线空中接口：无线空中接口是造成低速率的主要因素之一，可能的原因包括空中接口质量差和负载高，具体是哪个原因需要根据详细的测试数据细分。

（3）基站设备：如果基站设备本身存在相应的告警，则可能会对业务速率产生影响，所以在处理问题时，需要先排除设备本身的问题。

（4）传输网络：包含传输丢包、乱序等问题，需要抓包分析。

（5）核心网：常见的原因是开户参数不当。

（6）应用服务器：服务器性能差，TCP 参数设置不合理。

从以上描述可以看出，端到端的用户面涉及了很多网元，因此，在分析速率问题时，首先要做的是问题的隔离。建议先隔离空中接口的质量问题，隔离的方法依赖于基站的空中接口灌包功能。空中接口灌包是指基站模拟虚拟的数据包向特定终端发送下行数据，然后通过终端速率的测试判断空中接口是否存在问题。如果通过灌包基本可以达到峰值速率，那么基本上可以排除空中接口问题；反之，如果空中接口灌包的速率很低，则表明空中接口一定存在问题。隔离完空中接口问题后，再通过多点抓包的方式进行问题的定位。

14.4.2　5G 低速率空中接口问题分析

在灌包测试时，为了实现峰值速率，需要保证 RANK、MCS、调度次数、误码率等指标都处于最优的状态。这些条件分为两个维度：空中接口信道质量和调度资源。

空中接口信道质量是影响速率最明显的因素，可以通过 RSRP、SINR、MCS、IBLER、RANK 等指标来衡量。这些指标对速率的影响如图 14-18 所示。

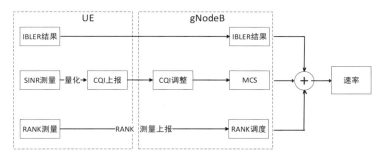

图 14-18　空中接口指标对速率的影响

空中接口质量差的主要原因就是 RF 问题，包括弱覆盖、越区覆盖、干扰等问题，这些问题的处理在前面的章节中已经介绍过，本章不再赘述。除此之外，部分设备参数设置也会影响 RF 的性能，由于不同厂家设备存在差异，因此参数的优化并没有统一的标准，需要参考每个厂商的产品规范，这里不做详细介绍。

在排除了空中接口质量问题后，接下来需要判断是不是资源类问题导致的低速率，即小区信道资源不足。可以通过路测软件观测当前的调度次数，例如，在上下行时隙配比为 4：1，小区带宽为 100MHz，子载波带宽为 30kHz 的情况下，每秒的下行最大调度次数应该可以达到 1600 次，RB 数可以达到 273 个，如图 14-19 所示。

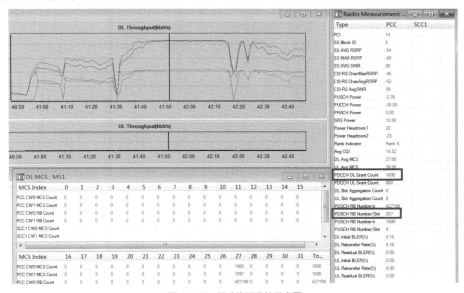

图 14-19　调度资源监控示意图

如果出现调度次数或 RB 资源不足等问题，则应该重点检查当前小区的负载指标，包括用户数、PRB 利用率、CCE 利用率等。如果当前小区负载过高，则应该先考虑通过负载转移手段进行负载均衡或者通过扩容的方式解决容量瓶颈。

14.4.3　其他问题排查

在隔离了空中接口问题后，还需要进行后续的问题隔离，隔离的主要手段是多点抓包。其基本思路是在业务测试时，在多个网元上进行联合抓包，根据抓包结果进行比较，找到相应的丢包点对应的网元。常见的抓包点包括基站入口、IPRAN 设备、网关等，用来隔离传输或者核心网的丢包问题。常用的抓包及分析工具是 Wireshark，数据包分析过程对人员的技能要求很高，需要对 TCP/IP 有深入的了解。

在判断出丢包的网元后，需要进一步分析丢包的原因。网络场景的丢包原因包括以下几点，需要依次进行分析。

（1）设备拥塞：拥塞是指入口的流量超过了设备的转发能力，导致调度队列发生拥塞，最终导致丢包。此类问题也是容量类的问题，一般需要通过设备的负载均衡机制或者扩容来解决。

（2）TCP 参数不合理：主要针对应用服务器和终端侧的设置问题。TCP 速率取决于发送端的发送窗口和接收端的接收窗口的大小。下载时，需要保证服务器发送窗口和客户端接收窗口足够大；上传时，需要保证客户端发送窗口和服务器的接收窗口足够大。TCP 窗口的大小也可以通过 Wireshark 工具获取。

（3）MTU 设置不合理：MTU 是指最大发送单元。如果该参数设置得过小，那么当入口数据包大小超过 MTU 时，传输设备需要对数据包进行分片处理，分片过多会带来调度时延的增加或者乱序等问题，最终影响实际的下载速率。因此，建议全网设备的 MTU 采用统一的配置值，建议值为 1500 ~ 1600Byte。

 **本章小结**

本章首先介绍了 5G 网络优化问题的类型及网络优化目标；其次，介绍了 5G 接入流程以及接入问题分析的方法，切换流程以及小区变更的相关参数；最后，介绍了 5G 速率问题端到端的分析处理思路以及低速率问题的解决办法。

通过对本章内容的学习，读者应该对 5G 网络优化常见问题的解决思路有一定了解，熟悉 5G 接入问题、切换问题、速率问题产生的原因。

 课后练习

1. 选择题

（1）NR 同频小区变更使用的是（　　　）测量上报事件。

    A. A3　　　　　　　　B. A4　　　　　　　　C. A5　　　　　　　　D. A6

（2）在 NR 小区变更过程中，终端是基于（　　　）测量量进行上报的。

    A. SSB RSRP　　　　B. SSB SINR　　　　C. CSI-RS RSRP　　　　D. CSI-RS SINR

（3）（多选题）在 NSA 组网的 5G 小区添加流程中，如果 eNodeB 不下发 5G 的测量配置，那么可能的原因是（　　　）。

A．eNodeB 侧 NSA 功能开关未打开　　　　B．4G 到 5G 邻区漏配

C．UE 能力不满足测量要求　　　　　　　D．X2 链路不通

（4）（多选题）如果 UE 在 NR 侧出现了随机接入失败，则可能的原因是（　　　）。

A．PRACH 参数规划不当　　　　　　　　B．空中接口覆盖问题

C．终端不支持 5G　　　　　　　　　　　D．5G 到核心网传输问题

2．简答题

（1）切换过早的原因有哪些？简述其具体处理的方法。

（2）测量报告丢失的原因包括哪些？

（3）描述 A1、A2、A3、A4、A5 事件的具体含义。

（4）在分析下行低速率问题时，空中接口需要重点关注哪些指标？

（5）在低速率问题中，一般传输侧丢包的主要原因有哪些？

（6）5G 业务优化过程中常用的数据源有哪些？

Chapter

15

第 15 章
人工智能在 5G 网络规划与优化中的应用

人工智能（Artificial Intelligence，AI）近年来发展迅速，在各个行业中开始得到大量应用，5G 网络作为支撑千行百业的数据高速公路，面临的业务和场景将会越来越多、越来越复杂。

本章将先对人工智能的概念进行简述，再对人工智能在 5G 网络规划及业务部署中的应用进行介绍。

课堂学习目标

- 了解人工智能的概念

- 了解人工智能在 5G 网络规划与优化中的应用

15.1　人工智能的概念

人工智能是研究如何使计算机模拟人的某些思维过程或者智能行为的学科，计算机通过智能学习可以实现更高层次的应用，近些年来获得了迅猛发展，在众多领域中获得了广泛应用，并取得了丰硕的成果。例如，政府对个人轨迹的监控、家庭使用的智能音响、个人使用的美颜相机等都涉及人工智能。人工智能的生态主要包括底层应用技术的算法，如图像识别和语音识别算法等；计算能力硬件资源，如 CPU、GPU 等；再加上各行各业的基础数据，就可以应用在政府、企业或者个人消费服务领域，如图 15-1 所示，通常将算法、计算能力、数据、应用称为人工智能四要素。人工智能涉及的学科除了计算机科学以外，还包括信息论、控制论、自动化、仿生学、生物学、心理学、数理逻辑、语言学和图像学等多门学科，属于自然科学和社会科学的交叉应用。

图 15-1　人工智能生态

5G 网络未来服务于自动驾驶、工业控制、电网、AR/VR 等，多样化业务的需求以及复杂的网络形态，必然会对 5G 网络运维带来重大挑战，依靠传统运维模式已经无法满足业务需求。人工智能技术在解决高计算量数据分析、跨领域特性挖掘、动态策略生成等方面具备天然优势。引入人工智能技术可以进一步提高网络部署和运维效率，提升资源利用率，降低运营成本。

5G 网络与人工智能的结合发展将会经历领域内探索、跨领域融合、高度自治 3 个阶段。首先，5G 网络各子领域将分别与 AI 初步结合和应用，依托大数据与机器学习的支撑，在网络资源分配等领域探索实现初级智能化；其次，AI 将可以学习跨领域的 5G 网络大数据，部分子领域将出现融合智能，实现中级智能化；最后，5G 和人工智能技术高度发展，将实现全网联动和高度自治，大幅提升网络全生命周期管理效率，基于人类控制网络的意图实现高级智能化。

15.2　人工智能的应用

无线网络的规划结果和实际网络的部署结果通常会存在一定的误差，为了提升网络规划的准确性，可以在网络规划阶段引入人工智能算法来辅助规划。

15.2.1　5G 天线方位角预测

天线有很多波瓣，其中，最大辐射方向的波瓣称为主瓣。主瓣天线辐射的电磁能量较强，旁瓣天线辐射的电磁能量较弱，如图 15-2 所示。在现网中，通过收集大量终端在不同方向的信号强度数据，结合地理空间位置对信号强度进行可视化处理，就可以得到二维或者三维的信号强度分布图像，从而利用图像识别技术对天线方位角进行识别。

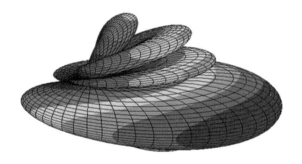

图 15-2　天线能量辐射示意图

1. 天线方位角智能预测思路

5G 网络中为了提升网络性能而大量使用了 Massive MIMO 天线，其中，Massive MIMO 天线方位角的设计，是网络规划仿真及后续业务网络优化的基础。在现网中，因强风、地震等自然灾害或者拆迁、改造等人为原因造成的天线方向角偏移随处可见，从而对网络容量和通信质量造成了很大的影响。传统识别天线方位角问题主要通过现场测试法实现，由有登高资质的人员现场测量并记录天线的实际方位角，再与小区工程参数表中规划的方位角进行比对，从而计算出偏转角度，以判断方位角是否与规划一致，这种现场测试方法人力投入大、核查周期长，且核查结果与测量人员的技术水平有关。基于人工智能的天线方位角预测可以有效降低人工成本、提高工作效率。天线方位角智能预测思路如图 15-3 所示。

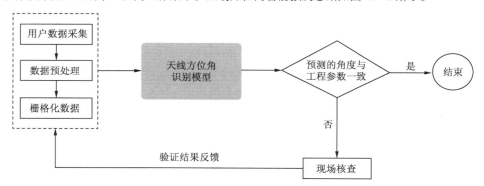

图 15-3　天线方位角智能预测思路

2. 天线方位角智能预测建模

针对每个需要方位角核查的小区进行数据采集。首先，选择主服务小区为当前小区的原始数据；其次，将这些数据作为当前小区的特征数据并保留 3 个字段，即纬度、经度和主小区电平值；最后，单独处理每一个小区的特征数据并将其构造为一条训练数据记录。天线方位角智能预测建模流程如图 15-4 所示。

图 15-4　天线方位角智能预测建模流程

　　对于包含空间信息的数据，最直观的分析方法是可视化分析。此处是针对单个小区数据进行绘图。可以发现对于小区级的数据，大部分数据集中在中心区域，少部分数据特别分散。这一部分离群点数据包含的特征对于本次数据分析无意义，如图 15-5 所示。离群点检测是发现与大部分其他对象显著不同的对象，可利用机器学习 Elliptic Envelope 算法或者 Isolation Forest 算法等进行离群点检测去除。

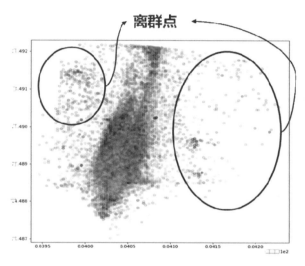

图 15-5　离群点数据

　　Elliptic Envelope 对数据进行协方差估计，将中心区域的数据拟合为一个椭球面(可能为超平面)，中心区域外的数据作为离群值；Isolation Forest 算法是一种无监督集成学习算法，其基本思路是随机选择数据的特征和特征值对数据进行切分，将路径较短的采样点作为离群值离散点去除，如图 15-6 所示。

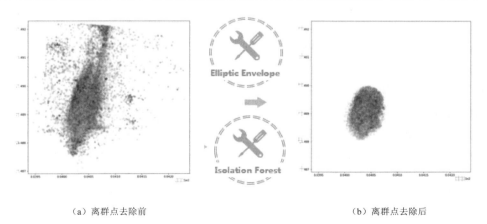

（a）离群点去除前　　　　　　　　　　　　　　　（b）离群点去除后

图 15-6　Isolation Forest 算法离群点去除

经过数据处理之后，运用分类算法识别方位角，小区工程参数表中的方位角是以正北方向为 0°，并以顺时针方向计算，按照偏转角度进行分类，如 90°、45°、30° 等。这里将角度分为 12 类，通过神经网络建模进行评估，如图 15-7 所示，可以得出预测的方位角在 0° 左右。

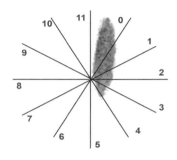

图 15-7　将角度分为 12 类

15.2.2　5G 智能切片运维

网络切片是 5G 网络的一个重要特性，5G 网络切片通过对网络资源的灵活分配、能力的灵活组合，基于一个物理网络虚拟出网络特性不同的逻辑子网，以满足不同场景的定制化需求。网络切片运维实质上就是提供切片实例的全生命周期管理，包含设计、开通、服务水平协议（Service Level Agreement，SLA）保障、终结等阶段。网络切片在带来极大灵活性的同时，也增加了运维管理的复杂度。基于人工智能来增强切片自动化管理能力是必然趋势，切片管理系统中引入人工智能，根据 AI 训练平台输出决策依据，自动化执行管理策略，赋予网络智能感知、建模、开通、分析判断、预测等方面的能力，实现切片灵活性和管理复杂度之间的平衡。

1. 智能化切片开通业务定制

在网络切片开通部署时，运用数据采集和机器学习，深度挖掘算法，结合切片业务特点可以提供定制化、安全隔离的私有切片，主要涉及的过程包括切片的网络规划、模型设计、自动化部署及端到端业务激活。

网络规划：综合分析整网可用资源，利用 AI 技术不断训练优化算法，将业务需求快速转化为网络需求，可以有效地解决差异化 SLA 与建网成本之间的矛盾。

模型设计：根据 AI 训练平台分析结果，对虚拟化资源进行智能编排和调度，自动输出切片生命周期模板、策略规则及切片优化部署等模板。

自动化部署：结合自动化集成部署工具和切片模型，自动完成各层次资源实例化，同时智能匹配测试场景及用例，自动完成切片测试，将部署周期从几周缩短到几天。

端到端业务激活：根据配置模板定义自动将配置参数拆解到各个子网，执行参数自动化计算，形成批处理脚本，通过配置通道自动完成业务激活。

2. 切片智能 SLA 保障

网络切片保障实质上就是对用户要求的 SLA 进行保障，智能化 QoS 服务能力可以在业务需求、网络能力以及用户特性等方面进行智能分析和多标准决策，引入 QoS 监督反馈，从而形成 SLA 保障闭环。

QoS 能力保障：采集海量业务数据（如业务类型、时间需求等）、网络数据（连接数、负载、流速、时延等）和用户数据（如用户等级、通信习惯、时间、位置等），通过智能分析和判断，实时评估当前业务体验，形成一套或多套更优的 QoS 参数集，从而实现最佳决策和控制。

QoS 差异化服务：基于时间、位置、访问业务、用户通信习惯、用户签约需求、网络实时负载压力等方面的智能判断，形成最佳匹配的 QoS 控制参数，为用户提供实时的差异化服务。

QoS 预测预警：基于海量数据采集、建模和分析来实现 QoS 预测，并提供极端情况下的 QoS 能力预警，为运维保障动作提供参考，如提前终止业务、改变业务操作等。例如，基于神经网络和线性回归算法，实现同期增长率预测、峰值/均值流量分析、预测网络拥塞，用以进行动态调度或者流量提速等操作。

3. 切片智能闭环运维

为了高效地管理网络切片，降低运维复杂度和成本，切片管理系统必须具备网络自感知、自调整等智能化闭环保障能力，如图 15-8 所示。目前网络策略仍基于人工静态配置，忽略了网络的实际情况。管理系统引入人工智能后可基于时间、位置和移动特性，结合网络中的流量、拥塞级别、负载状态等进行智能分析和判断，通过 AI 训练平台输出切片管理动态策略，实现智能化调度。另外，实时和历史智能分析还提供了健康评分、异常检测预测、故障原因分析等参考数据，据此可以执行容量优化、配置优化、资源弹缩、问题定位等操作，实现切片闭环优化。

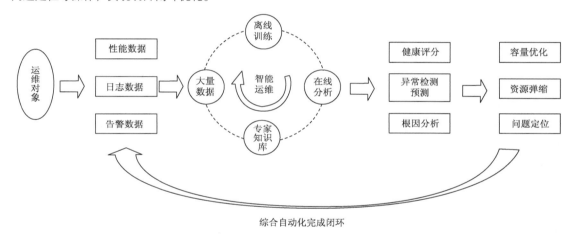

综合自动化完成闭环

图 15-8　5G 切片智能运维系统

4. 切片故障智能定位

在切片故障定位时，为了找到告警的根因，可以通过分析切片告警中的时间、地点、事件描述等多维度特征，结合历史频度信息、跨网元信息、同专业网信息、跨专业网信息及同业务关联信息等识别告警线索关系。根据当前告警、统计、日志等信息以及训练获得的规则进行推理，可以获取匹配的告警根因。

故障智能定位主要分为训练过程、推理过程和闭环优化。

（1）训练过程：首先，根据数据提取、数据清洗、格式规整、数据分割，形成事务数据集用于关联挖掘；其次，算法运行，基于资源关系、告警码及时间窗口，通过 AI 算法进行综合判断，建立告警主次关系的知识；最后，基于结果进行分析，对获取的知识按照一定的内部规则建立相应 RCA 规则并存储到规则库中。

（2）推理过程：实时监控告警、定时采样资源和配置数据等，利用已学习的规则对现网告警数据、资源数据、业务承载关系和时序进行综合判断，找出根因，并进行自动修复或者提示运维人员修复。

（3）闭环优化：根据实际规则应用情况或专家判断对规则库进行更新、修正和完善。

本章小结

本章介绍了人工智能的概念，人工智能是一门涉及了数学、数理逻辑、语言学和图像学等多门学科的综合学科，在 5G 网络运维中引入人工智能可以提高网络运维的效率，降低网络运维的成本。

通过本章的学习，读者应该对人工智能有一定的了解，同时对 5G 网络引入人工智能的必要性和应用价值有一定的理解。

 课后练习

1. 选择题

（1）（多选题）人工智能的要素包括（　　）。

    A. 算法　　　　　　　B. 计算能力　　　　　　C. 数据　　　　　　　D. 应用

（2）（多选题）计算能力资源主要包括（　　）。

    A. GPU　　　　　　　B. CPU　　　　　　　　C. 语音识别　　　　　D. 图像识别

2. 简答题

（1）5G 网络与人工智能的结合分为哪三个发展阶段？未来人工智能在 5G 网络规划和优化中还会有哪些应用？

（2）网络切片是 5G 网络的一个重要特性，简述网络切片的价值。

（3）人工智能涉及的学科有哪些？